财富
不做金钱的奴隶

陈志宏 ◎ 编著

青春励志系列

延边大学出版社

图书在版编目（CIP）数据

财富：不做金钱的奴隶/陈志宏编著．—延吉：延边大学出版社，2012.6（2021.10重印）

（青春励志）

ISBN 978-7-5634-4862-3

Ⅰ．①财… Ⅱ．①陈… Ⅲ．①人生观—青年读物 Ⅳ．① B821-49

中国版本图书馆 CIP 数据核字 (2012) 第 115151 号

财富：不做金钱的奴隶

编　　著：陈志宏
责任编辑：林景浩
封面设计：映像视觉
出版发行：延边大学出版社
社　　址：吉林省延吉市公园路 977 号　邮编：133002
电　　话：0433-2732435　传真：0433-2732434
网　　址：http://www.ydcbs.com
印　　刷：三河市同力彩印有限公司
开　　本：16K　165 毫米 ×230 毫米
印　　张：12 印张
字　　数：200 千字
版　　次：2012 年 6 月第 1 版
印　　次：2021 年 10 月第 3 次印刷
书　　号：ISBN 978-7-5634-4862-3
定　　价：38.00 元

版权所有　　侵权必究　　印装有误　　随时调换

前 言

金钱是成功与幸福生活的必要条件，但金钱并不是人生的全部，因为世界上还有许多是金钱买不来的东西，如：健康、亲情、友谊、自由……那么，我们应该持有怎样的金钱观？是盲目追逐，做金钱的奴隶？还是善用金钱，让金钱为我们服务？对于青年人来说，早一点知道这些，对未来大有益处。

世界超级富豪索罗斯说："我不反对赚钱，我自己也赚钱，我赚钱比花钱还容易。但是，我从来不把赚钱当成我的人生目标。赚钱只是我实现其他目标的一种手段，比如我个人的需要，我的慈善事业，等等。因此，我不像其他投资者，把亏赚问题背在身上，时时跟着自己。我把亏赚问题放在办公室里，甚至当它不存在。我只考虑在哪里投资的问题，只考虑我的投资有没有缺陷的问题。"

索罗斯的话其实也告诉了我们这样一个道理：为钱而活着的人，必将成为金钱的奴隶；在生活有保障的前提下，以超然的态度对待金钱，才能让自己活得有意义。

此书中，精选了古今中外多个与金钱有关的故事，也有一些是成功人士谈论金钱的精彩文章，旨在帮助青少年读者摆正金钱在生命中的位置，正确看待金钱、赚取金钱、驾驭金钱，形成正确的金钱观，做金钱的主人而非奴隶，从而学会让金钱这一神奇的物品为我们服务。

第一篇　金钱是什么

追求财富并不可耻　　　　　　　　　　　　　　2
金钱不是主人，而是仆人　　　　　　　　　　　4
真正理解财富　　　　　　　　　　　　　　　　6
财富不是一个人成功与否的标志　　　　　　　　7

第二篇　富人和穷人的区别

穷人容易陷入财富观念的误区　　　　　　　　　12
导致穷人贫困的6个原因　　　　　　　　　　　14
富人拥有正确的财富观念　　　　　　　　　　　15
富人拿钱换时间，穷人用时间换钱　　　　　　　19
富人不断学习，穷人不思进取　　　　　　　　　22
富人从失败中寻找教训，穷人不断寻找借口　　　26

第三篇　正视贫富

正确看待贫穷　　　　　　　　　　　　　　　　32

贫穷不是碌碌无为的托辞	34
穷人的孩子早当家	37
大胆地与穷人圈子告别	38
穷人要虚心学习	43
锁定目标走自己的路	44
先做好本职工作	46
穷人不要自我封闭	47
穷人别怕学历低	48
穷人也能赚大钱	49
痛定思痛，方能拨云见日	51
安贫不能乐道	53
人自救才有出路	55
富人是穷人的商机	57
穷人别把富人当作"救世主"	58
聪明的穷人总有出头之日	60

第四篇　找到财富的魔杖

谁都有机会改变自己的命运	68
思考能打开财富之门	70
自古英雄出少年	72
致富并非偶然而成	75
善于经营人脉这座金矿	79
既志存高远，又脚踏实地	83
致富是综合素质的比拼	86
创业难，守成更难	91
千万不要越出法律的界限	93
不要为了金钱出卖自己	94

第五篇　天下没有免费的午餐

自我投资，提高自己的赚钱能力	98
知识可以改变命运	99
书本教育不一定能使人致富	101
带着目的去学，让学有所用	104
赚钱，要心动，更要行动	108
人格也是财富	111
赚钱就必须要过吃苦这一关	115
勤奋是致富之源	117
不幸很少在充满信心的人身边徘徊	119
信心多一分，就离财富近一步	121
自信才能致富	123
坚持到底才能胜利	125
绝不知难而退	126
迎难而上，彰显勇气和智慧	128

第六篇　你不理财，财不理你

养成理财习惯	132
要有足够的耐心	133
不要入不敷出	135

第七篇　享受生活，善用金钱

人不能以赚钱为终极目标	138

视工作为乐趣,享受工作过程	139
输得起才能赢得起	141
经历是最有力的生命体验	142
过着心存感激的生活	144
不做心灵的穷人	146
在创造财富的过程中感受幸福	148
精神富了才会幸福	149
懂得分钱的人更容易获得金钱	151
分钱并不会减少你的财富	153
学会帮助别人	154
享受金钱,享受快乐	156
有钱别忘了尽孝	157
附录一:名人关于金钱的忠告	159
有志不在年高	159
金钱是最好的仆人,也是最坏的主人	161
和谐才是真正的财富	164
林之洋的生意经	167
成功的标准	168
附录二:名人财富语录	169
附录三:世界首富比尔·盖茨的金钱观	173
附录四:华人首富李嘉诚的金钱观	177

第一篇

金钱是什么

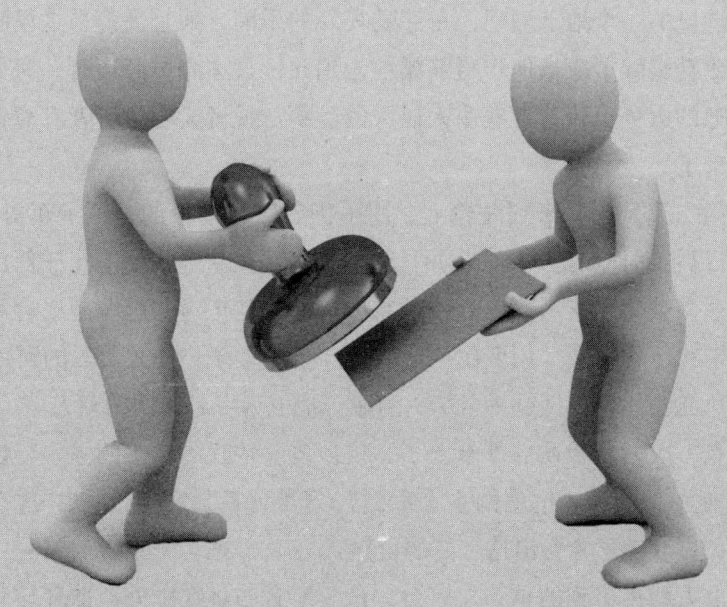

追求财富并不可耻

尤奥力·菲勒生活在一个贫民窟里,和所有出生在贫民窟的孩子一样,他争强好胜,也喜欢逃学。唯一不同的是,菲勒有一种天生会赚钱的本领。他把一辆从街上捡来的玩具车修理好,让同学们玩,然后向每人收取10美分,他竟然在一个星期内赚到了买一辆新玩具车所需的钱。菲勒的老师却对他说:"如果你出生在富人家庭,你会成为一名出色的商人。但是,这对你来说已是不可能的,你能成为一名街头商贩就不错了。"

中学毕业后,菲勒真的成了一名街头商贩。他卖过小五金、电池、柠檬水,每一样他都得心应手。

菲勒起家靠的是一堆丝绸。这些丝绸来自日本,因为在运输过程中遭遇风暴,这些丝绸被染料浸湿了,数量足足有一吨之多。这些被浸染的丝绸成了令日本人头痛的东西,他们想处理掉,却无人问津,搬运到港口扔进垃圾箱里吧,又怕被环保部门罚款。于是,日本人打算在回程路上把丝绸扔到大海里。

港口的一个地下酒吧,是菲勒夜晚的乐园,他每天都来这里喝酒。那天,菲勒喝醉了。当他步履蹒跚地走到几位日本海员旁边时,海员们正在与酒吧的服务员谈论那些令人讨厌的丝绸。说者无心,听者有意,他感到机会来了。

第二天,菲勒来到海轮上,用手指着停在港口的一辆卡车对船长说:"我可以帮助你们把这些没用的丝绸处理掉。"结果,他不花任何代价便拥有了这些被化学染料浸染过的丝绸。然后,他把这些丝绸制成迷彩服、迷彩领带和迷彩帽子。几乎在一夜之间,他就拥有了10万美元的财富。

从此,菲勒不再是一名街头商贩,他成为一名精明的商人。

有一次,菲勒在郊外看上了一块地皮。他找到地皮的主人,说他愿花10万美元买下来。地皮的主人拿到10万美元后,嘲笑他说:"这么偏僻的地段,只有傻子才会出这么高的价钱!"

令人料想不到的是,一年后,市政府宣布将在郊外建造环城公路。不久，菲勒的地皮升值了150倍。城里的一位地产商找到他，愿意出2000万美元收购他的地皮，地产商想在这里建造一个别墅群。但是，菲勒没有出卖他的地皮，他笑着告诉地产商："我还想再等等，因为我觉得这块地皮应该更值钱。"果然，3年后，菲勒把这块地皮卖到了2500万美元。从此，他成了一个财富新贵，可以像上层人一样出入高贵的场所。他的同行们很想知道他当初是如何获得这些信息的，甚至怀疑他和市政府的高级官员们有来往，但结果令他们很失望，菲勒没有一位在市政府任职的朋友。

菲勒的发迹简直就是一个奇迹。菲勒活了77岁，临死前，他让秘书在报纸上发布了一则消息，说他即将去天堂，愿意给逝去亲人的人带口信，每人收费100美元。这则看似荒唐的消息，引起了无数人的好奇心，结果他又赚了10万美元。如果他能在病床上多坚持几天，可能还会赚更多的钱。他的葬礼也十分特别，他让秘书登了一则广告，说他是一位礼貌的绅士，愿意和一个有教养的女士同卧一个墓穴。结果，一位贵妇人愿意出资5万美元和他一起长眠。

爱钱不是像守财奴那样，把一根稻草都看作金条紧紧地抱在怀里不撒手，而是对金钱的钟爱与珍惜。尤奥力·菲勒爱钱的方式可谓达到了极至，在弥留人间之际仍在进行着赚钱的游戏。

当然，追求财富并不可耻。

尽管金钱不是万能的，但没有谁能离开钱。

不论你是谁，不论你的年龄、文化程度、职业如何，请你不要敌视金钱，更不能排斥金钱。金钱并不是"坏东西"或"万恶之源"，万恶之源是贪得无厌或惜财如命。

美国作家泰勒·希克斯在其著作《职业外创收术》中指出，金钱可以在以下几个方面使你生活得更美好：健康向上的高级娱乐；高层次教育；外出旅游；医疗保健；退休后的经济保障；朋友相聚；更强的自信心；更充分地享受生活；更自由地表达自我；激发你取得更大成就；提供从事公益事业的机会。

金钱对任何社会、任何人都是重要的。金钱是有益的，它能使人们能够从事许多有意义的活动，个人在创造财富的同时，也在为他人和社会作贡献。因此可见，追求财富并不是什么可耻的事。

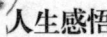

人生感悟

金钱可以做好事，也可以做坏事，不同之处就在于运用金钱的方法上。真正的幸福并非你拥有大笔的金钱而挥霍无度，也不是吝啬地关紧大门而贪图享受，真正的幸福是与他人共享你获得的财富。福特、卡耐基、洛克菲勒等人，他们在获得了巨大财富后大都设立基金会，拨出大量款项用于发展慈善、宗教和教育事业。他们帮助了他人，自然也给自己带来了幸福。

金钱不是主人，而是仆人

人活着不能没有钱，但绝不能为钱而活着。如果把钱当成了人生唯一的目的，那么人就变成了赚钱的机器，如此一来，许多社会问题就跟着发生了。

世界超级富豪索罗斯说："我不反对赚钱，我自己也赚钱，我赚钱比花钱还容易。但是，我从来不把赚钱当成我的人生目标。赚钱只是我实现其他目标的一种手段，比如我个人的需要，我的慈善事业等等。因此，我不像其他投资者，把亏赚问题背在身上，时时跟着自己。我把亏赚问题放在办公室里，甚至当它不存在。我只考虑在哪里投资的问题，只考虑我的投资有没有缺陷的问题。"

索罗斯告诉我们一个道理，即为钱而活着的人必将成为金钱的奴隶，在生活有保障的前提下，以超然的态度对待金钱，才能使自己活得有意义。打一个比方，你面前站着两个穷人，一个是绝对的穷人，一个是相对的穷人，怎么办？绝对的穷人不过想讨一顿饭钱，而相对的穷人希望掠夺你的全部。绝对的穷人要解决的问题是具体的，或者是一顿饭，或者是一小笔零花钱，但相对的穷人则是抽象的，他永远不满足，直到他和你过得一样好，甚至他比你过得好。由此可见，贫穷并不是贪婪的理由。这个世界上，贪婪的存在不是因为贫穷，而是因为不知足和欲望无穷，如果财富是一片天空，那么贪婪就是那天空中的黑洞，永远也填不满。因为，对于金钱的贪欲会随着金钱数量的增加而变得愈发强烈，那些认为金钱万能的人，很可能为了金钱无所欲为，最终会掉入金钱的陷阱，一辈子也别想翻身。

如果金钱不是你的仆人，它便将是你的主人。一个贪婪的人，一个视金钱如生命的人，与其说他拥有财富，不如说财富拥有他，因为使人富有的是思想而不是金钱。一个人如果只知追求金钱或权势，他便永远不能获得满足，而不满足便不能快乐。所以，面对金钱，我们要做它的主人，绝不能做它的奴隶。

一个人太爱钱了便不值钱，所以面对钱，既要重视，又要轻视，方能不为钱所惑，不为钱所困。

那么，我们应具备怎样的心态，才能获得更多的金钱并不为金钱所奴役呢？

第一，要有付出的心态。付出的心态并不是说光付出没有回报，它是一个交换规则，即以最少的付出换取更大的回报。诚然，如果一个生意人的付出和获得的回报是等值的，他还会为寻找赚钱的途径而挖空心思、劳力伤神吗？他还能赚到钱吗？在这里要强调指出的是，想赚钱，你首先必须付出。如果一个人只想赚钱，不想付出，那么赚钱对于他来说只能是一种永远无法实现的南柯之梦。

第二，要有追求的心态。对赚钱保持追求的心态，也就是保持强烈的赚钱欲望。赚钱的欲望并不是对金钱无止境的贪求，而是指追求的韧度。一个对金钱没有一种与生俱来的强烈欲望的人，怎么可能赚到钱呢？

第三，要有不放过任何细节的心态。赚钱是为了消费和享用，但赚钱的过程并不像消费和享用一样随心所欲，它要求你对每一个环节都要进行精雕细琢。

第四，要有勇于去除浮躁的心态。只有以冷静的心态来面对金钱，你才能获得更多的金钱。否则，你会为情感和杂念付出一定的代价。

第五，要有克服懒惰的心态。俗语说："天道酬勤。"赚钱当然也是这样，它是经过一番辛苦劳作才获取的。因此，赚钱最忌讳的是妄想和懒惰。

第六，要有让钱不断周转的心态。钱只有进入流通领域，在不停的周转过程中，才能创造财富。如果像过去那些大户人家一样，把钱装在罐子里埋在房基下面，过一万年还是只有这么多钱，丝毫也没有增值。

人生感悟

　　赚钱的目的是为了让自己生活得更舒适，更有成就感。所以不论是过去、现在，还是未来，一个人拥有的金钱数量的多少，确实可以在一定程度上说明这个人成功的程度。金钱不是万能的，但没有金钱万万不能。尽管人的生活需要金钱，谁都得想办法赚钱，但每个人生活的目标毕竟不同，有的人虽然拥有的金钱并不太多，但是他们也许还有另外一些更优秀的方面。

真正理解财富

　　这是洛克菲勒写给他的儿子小约翰·洛克菲勒的私人信札，从这封信里面，我们可以看出一个亿万富翁是如何看待财富的。
亲爱的小约翰：
　　我很想与你谈谈关于金钱的一点看法。我认识许多人，他们对待金钱的态度有很大的差别。我曾经和那些街头流浪汉一起喝最便宜的酒，他们把仅有的钞票揉成一团塞在裤子口袋里；我也曾和那些证券经纪人聊天到深夜，他们操纵着大量的财富，可却从来不去碰一便士现金或硬币；我也见过有些有钱人不肯轻易拿出一枚铜板，因为害怕这会让自己变穷；我也见过慷慨的富人，犯罪的穷人，见过妓女，也见过圣徒。
　　所有这些人都有一个共同点：他们处理金钱的方法是他们对金钱的认识结果，而不在于他们拥有金钱的数量。从最基本的层次上讲，金钱是一个冷酷无情的事实——你要么有钱，要么没钱。不过从感情和心理的角度上讲，它绝对是虚幻的。你可以把它塑造成自己想要的样子。如果你是个守财奴，你将不会快乐，因为贪财的人不能承受损失。金钱总是来来去去，这是它作为交换物基本的特性。守财奴却无法容忍钱财的流失；而那些慷慨的人，即使当他们贫穷时，内心也是富裕的，因为他们看到了钱财散去有益的一面。他们的慷慨常常会点燃与他人心灵的火花，钱财的流失成了一种使大家都能从中受益的共同礼物。

那些大方的人愿意看到钱财从他们手中流出,因此也容易理解关于金钱的另外准则:有时为了前进,你必须损失钱财。那些拒绝做任何赔本生意的人,总被他们渴望获胜的心理压得喘不过气来。这样也许他们付出的代价太过昂贵,也许他们购买后,这个世界又发生了变化。不论如何,拒绝在任何交易中有所损失的人们,常常会陷入放步自封的陷阱而不能自拔。

我并不计较你是否能对金钱保持明确态度。我只想告诉你:金钱是流动的、虚无的,生不带来,死不带去。如果你坚持认为钱财只能增多不能减少,你就是在和诸如呼吸、来去这些自然规律唱反调。经过你手中的钱财可能还会回来,也可能流向他人,可不论怎样,生活还得继续,还有更值得我们注意和关心的事情在前头。

财富抵不过无常的造访,美丽脆弱得如同一页白纸,只要一点轻微的风就可以把它吹得无影无踪。我们对于财富,应该怀着一份平常的心态。

人生感悟

<u>财富可以是我们能力的证明,却不应该成为我们做一切事情的最终目的,因此对于它的来去,我们不能太看重,正如洛克菲勒所说:"经过你手中的钱财可能还会回来,也可能流向他人,可不论怎样,生活还得继续,还有更值得我们注意和关心的事情在前头。"</u>

财富不是一个人成功与否的标志

如果以一个人拥有财富的多少来衡量他的成功的大小,这是一件令人茫然而感困惑的事情。

生活中,有一些人既没有高尚的品质,也没有对社会作出过贡献,他们一心只想着金钱而意识不到更高的境界,虽然他们可以腰缠万贯,但始终只能是一个非常可怜的生物。他们的财富只能供其奢侈享乐,对于社会没有任何意义,他们的力量只能在自己的钱柜里发生作用。这些富有的人能算是成功的人吗?

在人类文明的历史上,却有那么一些画家、诗人、音乐家和作家,他们虽然一生贫困,但他们伟大的作品却是人类艺术宝库中一笔巨大的财富。

曹雪芹生前一贫如洗,死后连办后事的钱都没有,全靠朋友帮助才得以入土为安,但他留给世人的《红楼梦》,却是中国文学史乃至世界文学史上的不朽之作。

荷兰画家梵·高,生前贫困潦倒、精神崩溃,曾一度沦落到在街头流浪的地步,可他留下的绘画作品如今已经是无价之宝。

荷兰画家伦勃朗,是影响世界绘画发展的最重要的大师之一。他是个多才多艺的画家,他画肖像、人物群像、风景,他还画极为精美的腐朽法铜版画。他的画冷色、暖色穿插辉映,如同宝石一般熠熠生辉。可当伦勃朗去世后,除几件旧衣服和画具外,没有留下任何财产。

意大利近代著名画家和雕刻家莫地里亚尼,以其优雅、细致的肖像画和大量的裸体画闻名于世,但终其一世,他都必须应付贫穷的生活和长期侵蚀健康的疾病。

这些贫穷却伟大的艺术家难道不拥有成功的人生吗?他们虽然生活在贫困之中,却对人类作出了卓越的贡献。他们全神贯注于自己的事业,挖掘内在的创造源泉,获得丰富精彩的人生。

富有的人们也许认为他们占有宽敞的住房、豪华的车子和大量的银行存款,是高品位生活必不可少的;而艺术家往往对这些不以为然,他们甚至认为虚假浮华的东西会耗费他们大量的精力,所以他们抛开那些虚伪的习俗,摆脱那些繁文缛节和奢侈享乐,从而激发出创作的灵感。

美国著名作家爱琳·詹姆丝说:"我们的生活已经变得太复杂了。在我们这个世界的历史进程中,从来没有像我们今天这个时代拥有如此多的东西的现象。这些年来,我们一直被诱导着,使得我们误认为我们能够拥有所有这一切的东西,我们已经使得自己尝试新产品都感到厌倦。这些东西让我沉溺其中并心烦意乱,已经使得我失去了创造力。"于是这位作家毅然采取了一系列大胆的行动来简化自己的生活,如注销了一些信用卡,以减少每个月收的账单函件。

贫穷是富人眼中可怕的恶魔,可在艺术家眼中,贫穷是他们创作的源泉,激发灵感的火花。你可以嘲笑一个皇帝的富有,但你不能嘲笑一个诗人的贫穷。

梵·高的许多绘画都是描写社会中下阶层的小人物，描写他们的艰苦生活、他们衣食的匮乏与工作的辛劳、他们的愁与病和绝望中的祷告。凡·高笔下的人物之所以惟妙惟肖，就是因为他和画中的人物有着同样的命运。

伦勃朗早年的生活还是比较富足的，但40岁以后他的生活陷于债务之中，经济每况愈下造成的窘困开始影响其画风的发展。伦勃朗不再画那些平庸的肖像画和一些神秘玄想式的神话题材，他开始越来越多地选择那些有着深刻人性的题材，他在宗教题材中注入了父爱、怜悯与饶恕的主题，贫困的生活也改变了他的视线，他把下层普通的穷苦民众画入了他的作品之中。伦勃朗的《圣家族》中，圣母已成为一个普通的贫苦人家的农妇，而其家庭的确也全然是一个简陋而温馨的农民家庭了。

秘鲁有位诗人名叫塞萨尔·巴列霍，他有句话说得好："靠写作解决了生计的伟大作家是少见的，超群者的头上永远戴着荆棘冠……我命中注定要做一个高贵的穷人。"在拉丁美洲有许多为穷人而写作的作家，索飒女士的那本《丰饶的苦难——拉丁美洲笔记》就曾经描写过那群可爱的作家。作者将诗人的成长，说成是贫穷养育的。走向底层，写尽苦难，这样创造出的作品才能有分量和影响力。

翻看《杜甫诗集》，读着那些感时伤世之作，不禁会让人心头酸楚。那些为穷人写下的诗篇，句句感人，篇篇动情，杜甫所在的时代中，有如此的悲天悯人情怀的不是很多；自愿地成为受难者的一员为无权无势的人而歌，那艺术的分量就更重了。《三吏》、《三别》与华贵的宫廷艺术相比，显得悲怆、简陋，但那里流动着穷人的声音。一个来自底层社会的人，大约才读得出那伟大魂魄的深沉。杜甫的伟大，也许就在这里。

大量的事实可以证明，财富决不是一个人成功与否的标志。在当今社会，有不少人把个人财富的多寡，也就是贫富，看做是成功与否的标准，这不能不说是一个时代的悲哀。

商人、企业家、创业家，他们的成就无疑体现在他们创造的财富上，这是不成问题的。

如果政治家也把追求财富视为最大的人生追求，那么政治的腐败就将成为不可避免。马科斯（菲律宾前总统）、苏哈托（印尼前总统）那样的下

场也将是最好的证明。

如果教育家也追求最大的经济效益的话,"传道、授业、解惑"的教育事业将不会有什么希望。

如果艺术家也去孜孜不倦地追逐金钱,那么艺术如何辉煌?历史上恐怕就不会产生像曹雪芹、梵·高、伦勃朗、莫地里亚尼那样贫穷却伟大的艺术家了。

贫穷、苦难之于艺术家,未必是一件坏事情,有时甚至可能是艺术的福音。

 **人生感悟**

在当今社会,有不少人把个人财富的多少,也就是贫富看作是成功与否的标准,这不能不说是一种悲哀。

第二篇
富人和穷人的区别

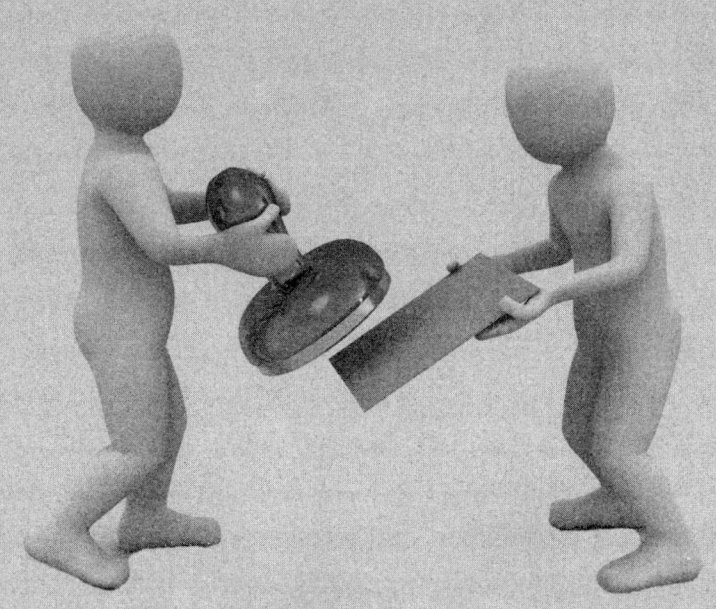

穷人容易陷入财富观念的误区

一代魔术大师胡汀尼拥有一手绝活，他能在极短的时间内打开无论多么复杂的锁，从未失手。他曾为自己定下一个富有挑战性的目标：要在60分钟之内，从任何锁中挣脱出来，条件是让他穿着特制的衣服进去并且不能有人在旁边观看。

有一个英国小镇的居民，决定向伟大的胡汀尼挑战。他们特别打制了一个坚固的铁牢，配上一把看上去非常复杂的锁，请胡汀尼来看看能否从这里出去。

胡汀尼接受了这个挑战。他穿上特制的衣服，走进铁牢中，牢门哐啷一声关了起来，大家遵守规则，转过身去不看他工作。

30分钟过去了，胡汀尼用耳朵紧贴着锁，专注地工作着；45分钟后，胡汀尼没有打开锁；一个小时过去了，胡汀尼头上开始冒汗；两个小时过去了，胡汀尼始终听不到期待中的锁簧弹开的声音。他精疲力尽地将身体靠在门上坐下来，结果牢门却顺势而开。

原来，牢门根本没有上锁，那把看似很厉害的锁只是个样子！

魔术大师胡汀尼之所以失手，原来是他陷入了观念上的误区，心中始终有把锁，根本没有上锁的牢门让他栽了跟斗。

世界上的大多数穷人之所以穷，也是因为陷入了观念上的误区，始终打不开致富门道上那把锁。

长期以来，大多数人对于手中的钱的处置是相当简单的：要么用于家庭消费，要么把生活节余暂时存入银行。造成国民投资理财观念淡薄的原因主要有：一是过去人们不怎么富裕，每月收入就那么几十元钱，扣除衣、食、住、行等必要的花费后，手头的余钱就所剩无几了；二是过去国家提供给公众的投资工具太少，而且缺乏必要的引导。

无论是华人巨商李嘉诚，还是石油大王洛克菲勒、投资专家巴菲特，其富足的生活无不与财富的打理密切相关。但是为何幸福与财富与许多人都擦肩而过呢？造成这种情况的原因是多方面的，但是其中一个最重要的原因就是许多人陷入了财富观念的误区。

人们常常容易陷入的财富观念误区主要有以下四个：

一、"以钱赚钱"是赚黑心钱。

由于这种传统的金钱观在作怪，许多人以劳动致富为荣，而把"以钱赚钱"的投资理财方式看作是不劳而获、赚黑心钱。由于投资理财观念的淡漠，一些人尽管工作十分的卖力，却仍旧难以走上致富之路。投资理财观念的淡漠导致缺乏财富知识，不但是个人的损失、家庭的不幸，而且是社会整体资源的浪费。因此，全社会都应正视投资理财这个重要课题，不断强化投资理财的新观念。

二、我目前的钱不多，不需要专门打理。

事实上，打理财富并不是"有钱人"的专利，理财无时无处不存在于日常生活中。在您拿到第一份工资时，在您计划缴纳每月的水电开支时，在您准备购置一台彩电时，理财便已开始了。从某种意义上说，穷人比富人更需要精打细算，合理安排，量入为出。

三、理财就能赚大钱。

理财并非单纯追求个人财富最大化，而是兼顾收益性、流动性、安全性三方面，使个人以及家庭的财务状况处于最佳状态，从而提高生活品质。顺利的学业、美满的婚姻、健康的身体、悠闲的晚年，这一个个生活目标构筑着完美的人生旅程。如何有效地利用每一分钱，如何及时地把握每一个投资机会，实现这些目标，便是理财所要解决的。理财不只是为了发财，成功的理财可以增加收入，可以减少不必要的支出，可以回避生活中的风险，可以储备未来的养老所需。理财，可以使人从容面对人生。

四、我的财务状况很好，不需要再打理。

实际上，即使是财务状况良好的人，随着时间的推移也有调整的必要。打理财富及其不断优化的过程将伴随着每个人的一生。

在社会瞬息变化的今天，安居乐业、松松享受、望子成龙、未雨绸缪……人们对生活有更多的要求；在经济脉搏快速跳动的今天，股票、债券、期货、基金、外汇、保险……这些投资工具所涵盖的生活范围日益扩大。因此，个人财务管理将成为一种时尚，越是善于打理个人财富的人生活越是丰裕、轻松。

第二篇 ◆ 富人和穷人的区别

人生感悟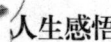

观念真的可以决定成败,认真想一想,您是否也存在财富观念上的误区呢?

导致穷人贫困的6个原因

有一个德国工人在生产一批纸时因不小心弄错了配方,结果生产出大量不能书写的废纸。他被扣工资、罚奖金,并还遭解雇。正当他灰心丧气之时,他的一位朋友想了个绝妙的主意,叫他将问题倒着看,看能否从错误中找出有用的东西来。于是他很快就发现这批废纸的吸水性相当好,可以用来吸干家庭器具上的水。于是他灵机一动,就把这些废纸切成小块,取名"吸水纸",拿到市场上出售,结果相当抢手。这个错误的配方只有他一个人知道,他后来甚至申请了专利。这个德国工人就靠这个错误,靠朋友出的点子,发了大财,成为了大富翁。

这个故事告诉我们,换一个角度思考问题,找出每件事物表面背后的真正原因,就能够把坏事变为好事。

一些穷人常常把自己贫困的原因归结于:"运气不好"、"没有靠山"、"没有一个好爸爸"、"遇到了天灾人祸"……其实,换一个角度思考,导致穷人贫困的原因主要是以下几个方面:

一、缺乏对金钱的知识;

二、缺乏投资的理财观念;

三、没有正确的财务目标;

四、没有科学的财务计划;

五、在基本需要上花费过多;

六、缺乏改变现状的决心和信心。

如果你有上述毛病,那么你只有克服这些毛病,才能拥有一个有保障的未来。为什么许多人失败呢?原因是不自信。克服财务困难最重要的一点是相信自己能够找到解决方案。许多人甚至未付出努力,总以为时间不够,工作太多。真的是这样吗？不是！这只是借口。你找过下面这些借口吗？

一、没有足够的钱可支配。要么每月有节余，要么入不敷出。但每个人总能省下一点钱，挣得再少，也没有理由不存钱。

二、没有时间。财务管理的书籍也许太厚。你觉得总是忙于工作、家庭、娱乐，读书太花费时间。大错特错！赢得时间的唯一方法是花时间研究财富，磨刀不误砍柴工！

三、没有财富知识，不知从何学起。很多人觉得富人所掌握的赚钱之道他们永远也学不会。他们认为，那些训练有素、收费昂贵的财务专家们使用的技术和方法对挣工薪的人来说是可望而不可即的。而事实是，富人使用的财务管理原则和技术人人都可以使用。节俭便是重要的原则之一。很多人雇请个人财务经理来管理财务，因为这些财务经理懂得并能科学地运用基本的财务管理原则，他们懂得以最小代价获得最大价值的秘诀。

人生感悟

找出了贫困的原因，但愿你和那位德国工人一样，把坏事转化为好事，成功步入百万富翁的行列！

富人拥有正确的财富观念

我们生活在一个财富迅速膨胀的时代，每个人都在以自己的方式创造财富、享受财富。个人生活的改善，自我价值的显现，以及个体的人格魅力对大众的影响力，都在以一种创造财富的方式得以实现。可以肯定的说，这个时代最伟大的工作就是创造财富！

我们的身边就站立着一个个不同凡响的财富人物，他们的名字和事业成为了大众议论的热门话题。

与名声和事业相比，这些财富人物更有价值的是他们在经历种种磨炼之后形成的财富观，这些金子般的思想不仅是他们的人生经验，更是他们之所以能够创造大量财富的思想基础。

下面是《财富秘经》一书的九位财富人物——柳传志、丁磊、陈东升、王志东、张朝阳、董文标、关国亮、袁隆平、濮存昕对财富的看法。

联想总裁柳传志说自己是用智慧、汗水和机遇创造财富。他说：财富观这个问题是一个大问题，应该说也是一个敏感的问题。我们开始创业的时候，大家都希望解决温饱，发展更好一点，日子过好一点。我们的企业是中国科学院的企业，我有一次参加院里的会议，听说我们有一个企业，当时每年能够赢利1个多亿，但是总经理没有股份，一个月只领八千多元钱的工资，有人提出，应该考虑他的股份问题。当时大家一片惊讶，八千多元，够高的工资了。当时我感到了非常大的压力，非常希望得到社会和政策的支持。从那个时候开始，我们就有意识地把公司的股份制改造的事情提到了重要的日程，把个人财富的积累和公司财富的积累统一到一个轨道上来。

在美国、在香港，就是那些市场经济体系比较完善的地方，人们对待财富的看法是比较公正的，人们在信守一个成熟的游戏规则，凭着自己的能力和机遇发展自己，积累财富，多交税，多做一些公益事业，从而赢得人们的尊重。所以，在那些地方有别墅，有高级汽车，人们感到光荣。

但是在国内就不同了，因为市场经济体系不太完善，游戏规则不规范，有些人通过不正当的手段获取了大量的财富。我们这些通过汗水和智慧创造了财富的人也被笼统的混在一起，把正当的财富列为两极分化中的一极，这使我们感到了压力。

在一个健康的社会里，通过自己的劳动获得财富是光荣的，采取不正当的手段牟取私利是可耻的。我希望每一个人都能通过劳动创造财富，不要采取不正当的手段去谋取财富，一定要踏踏实实的工作。一分耕耘，一分收获，希望我们的媒体不断传播这样的人生理念。

严格地说，我个人对财富的占有和使用并没有实质性的变化，特别是勤俭节约的习惯我一点也没有丢。20年前，我很穷，那时一个月的工资才几十元钱，我和爱人想给自己和孩子们每人买一条毛裤，需要几个月的积攒。20年后，我不需要这样精打细算了，一个人一天就吃几碗饭，就睡一张床，没有必要让自己的财富欲望无限膨胀。我要求我的孩子节约，用自己的力量创造财富，就是让他们知道创造财富的艰难，知道一个人对财富的需要有一个限度。"

网易总裁丁磊说自己永远处在一种创造的过程中。他说：

"我对财富的看法很平淡。大学刚毕业的时候，特别在乎收入是多少，但当我创办一个企业的时候，当我的财富积累到一定程度的时候，我并不觉得生活有多大的变化。财富对一个人的日常生活并不能形成多大的影响，创造财富应该是这个时代每个人前进的动力，因此，人应该永远处在一种创造的过程中。"

泰康人寿总裁陈东升认为企业家是国家宝贵的财富。他说：

"在一个宽阔的视野里看，企业家是国家的财富。相比之下，企业家个人的财富是微不足道的。近300年的世界历史，事实上就是一部创造财富的历史，而创造财富的历史实际上就是企业创新的历史，企业创新的灵魂是企业家，企业家的精神是伟大的。在中国几百年的历史里，只有伟大的政治家、伟大的艺术家和科学家，就是没有伟大的企业家，真正的企业家是应该用"伟大"二字来形容的，如果更多的企业家能够真正达到伟大的状态，我相信，那是中国最辉煌的时代。"

新浪前总裁王志东认为创造财富是一种时代精神。他说：

"我在中关村已经有15年的时间，看见了巨大的财富滚滚而来，滚滚而去。也就是在这样的洪流中，我看见了一批优秀的企业成熟了，企业的成熟其实就是财富的稳定，一批杰出的人在为社会创造财富的时候，拥有了属于自己的财富。10年前，人们不敢想象中国的计算机行业会发展到今天的这个样子，中国人在积累个人财富、公司财富的同时，更大范围的是积累了国家的财富。因为中关村，因为中关村的财富，因为创造财富的人，中国强大了。如果没有个人创造财富的原动力，中国目前的IT业是不会达到现在如此强盛的规模的。这个时代最有价值的精神就是创造财富，最具有爱国主义精神的也是创造财富。我们应该弘扬这个时代精神。"

搜狐总裁张朝阳认为创造财富是对自我的挑战。他说：

"我小时候看过一部电影《金光大道》，有一个观念一直记得：有钱人最可耻，贫穷的人最光荣。很长一段时间，我一直生活在这个概念里。改革开放20年，中国人的价值观发生了巨大的变化，积累财富成为一种时代追求。现代社会创造财富，会遇到各种各样的困难，有时候对一个人的极限会提出挑战，一个人在克服困难的过程中，会越来越成熟。回忆自己走过的路程，我深刻意识到创造财富的过程就是一个现代人成熟的过程。"

民生银行行长董文标认为民生银行是民营企业家的财富。他说：

"作为中国第一家民营银行行长，我认为民生银行的责任就是为广大的民营企业创造财富提供资金支持。民生银行已经上市，是金融板块中的唯一的民营性质的股票，具有较好的稳定性，适宜长期投资。从财富的角度看，民生银行集中了广大民营企业的财富，又将支持这些企业创造更多的财富。"

新华人寿总裁关国亮认为最大的财富是方法。他说：

"2000年，我们完成了与世界一流的保险公司进行合资经营的壮举，这是一次财富的大集中。需要时刻把握的是，引进外国保险公司的资金，不是第一目的，真正引进的是外国保险公司的经营理念、管理方式和企业文化。新方法才是新华人寿获得的最有价值的财富。"

"杂交水稻之父"袁隆平认为知识就是财富。

2000年"隆平科技"上市，袁隆平以自己的名字获得了200万元财富，他的知识得到了具体的体现，经过一段时间的运作后，"隆平科技"一路攀升，再一次展示了科技知识的巨大价值。熟悉袁隆平的人知道，他一生从不提到如何赚钱，唯一的工作就是用知识进行创造。他是在一种不追求财富的过程中得到了巨大的财富，而袁隆平为别人创造的财富，是不能用数字来计算的，他把人类带进了一个崭新的水稻新时代。

演员濮存昕认为自己是用形象为社会创造财富的，他说：

"在国内的传媒中，有一批媒体认为我把个人形象和社会财富联系在一起，并因此推举我为2000年中国财富人物入选人物，我感到意外，但觉得这件事件本身很有意义。创造财富是我们这个时代的时代精神，从事艺术的人，在创造艺术价值的同时，应该要有一种为社会创造财富的使命感，演员应该用自己的力量促进国内文化产业的形成。我为商务通担任形象代言人，一方面用自己的形象为一个企业提供了支持，另一方面我按照国家的法律交纳个人所得税，应该说，我为社会创造了财富。"

人生感悟

<u>金子般的思想是富人们能够创造大量财富的思想基础。</u>

富人拿钱换时间，穷人用时间换钱

富人和穷人的一个重要的不同，就在于他们对待时间的态度上。富人们将时间看得很重，他们宁愿用金钱来买时间。穷人们就完全相反，他们总是用自己的时间去换取一点点卑微的财富。

古代有谚语说："一寸光阴一寸金，寸金难买寸光阴。"这说的就是时间的珍贵。富人们明白这个道理，所以他们不愿将时间浪费在金钱的上面。他们愿意的是将金钱"浪费"在时间的上面。他们因为有了充裕的时间，才能实现他们自己的计划，施展他们的才能。

穷人们常常为了一点的小钱，将大把大把的时间耗在里面。他们所得到的，仅仅是生活最基本的物质需求。他们所失去的，是他们生命中最珍贵的东西——时间。

一、富人拿钱换时间

比尔·盖茨看到地上有一百美金，他是绝对不会去捡的。因为他知道他弯腰去捡这一百美金的时间，足够他赚好几百美金了。穷人们看到地上放着一百美金，不只是去捡，几乎要到去抢的地步了。

比尔·盖茨是世界的首富，看到地上的百元大钞，根本抽不出时间来捡。结果比尔·盖茨变得越来越有钱了。那些看到地上的百元大钞赶紧跑过去捡起来的人们呢？却一直是默默无闻，继续过着穷人的生活。

李嘉诚是华人世界里不可撼动的首富，他同时也是一个用金钱换取时间的人。李嘉诚平时工作极为繁忙，为了了解世界各地最新的重要信息，他专门花高价请了一批新闻界的高手，为他收集当天最为有用的新闻资讯。

这些人的开支是巨大的，他们都是经验丰富的新闻界高手。但他们给李嘉诚带来的，是真正重要的、有意义的新闻资讯。李嘉诚掌握了这些最重要的新闻资讯，使得他往往在投资中如鱼得水，从而可以得到最好的投资回报。

这就是富人思维，用金钱换取时间。用金钱换取了时间，从表面看确

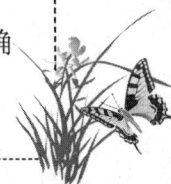

实浪费了一笔不小的开支，但他最终的结果却是用这一点的小钱换来了更多的大钱。富人们就是靠这些小钱换来的大钱变得更加富有的。

而穷人们总是用自己大把大把的时间去换取几个小钱。穷人们一直在换取小钱，可是一直也不见这些穷人们富裕起来。他们还常常自鸣得意，以为自己有多么的了不起。

用小的经济利益来换取更多的时间，用更多的时间去做更大利润的事情。这些就是富人们的思维方式。许多人都明白这个道理，可要真正实现起来，又很难有穷人可以做到。

我们在社会生活中，常常看到一些人，他们宁愿走路也不愿去坐车。他们自认为这样可以节约一笔开支，却完全不去想到这浪费了大量的时间，而利用这短短的一段时间，或许可以做很多的事情。

因此，当穷人们还在绞尽脑汁地想着怎样用时间换金钱的时候，富人们却在努力用大把大把的金钱换取时间了。

美国东南航空公司的最高执行长官凯勒赫就是一个愿意用金钱换取时间的人。

凯勒赫向公司董事会提议，准备花高价钱——一个副总裁的薪资，专门请人为他每日的工作行程进行周密的计划和安排。凯勒赫的这一提议，最初遭到了公司董事会的强烈抵制，他们纷纷认为凯勒赫这是在浪费公司的钱财。

聪明的凯勒赫最终说服了公司董事会一帮顽固的老头。通过周密的行程安排，凯勒赫的时间得到了很多的节约，工作的效率得到了很大的提高。凯勒赫从而拥有了更多的时间对公司进行管理。

在凯勒赫的带领下，东南航空公司的影响力日益扩大，股票连续暴涨了三个月。凯勒赫也因为出色的工作业绩，得到了公司高达1亿美元的奖金。

凯勒赫所拥有的就是富人的思维模式。他不吝惜金钱，但他吝惜时间。他把时间看地很重，愿意用大把大把的金钱去换取时间。这就是他所以能够成功的一个重要因素。

二、穷人用时间换钱

用金钱去换取时间，这是富人的行为。用时间去换取金钱，这就是穷人们的行为了。用金钱去换取时间的人，损失的是小钱，换来的是大钱，因此他们会越来越有钱。用时间去换取金钱的人，看似得到了一定的金钱，可是他们却失去了更多的钱，因此他们很难变得更加有钱。从前有兄弟俩，他们靠父母留下的几亩地勉强度日。他们村子的前面是一座大山，是古代的要塞。因此在这山中发生过很多次战争，所以会残留有一些士兵们遗留下的武器。

有一天哥哥和弟弟一起到这山里来玩，突然间发现了一个士兵遗留下的盔甲。于是哥哥和弟弟把这个盔甲捡回去卖了钱。他们都很高兴。

但是从此以后，哥哥再也不愿去田里劳动了。他一有时间，就跑到山里来捡士兵们遗留下来的武器。有时候也能有所收获，甚至在短期内看来，他比弟弟还要有钱了。

弟弟就不同，弟弟知道山里的武器会越来越少，总有一天会捡完。他继续在农田里辛苦地工作着，连哥哥的那一块田也帮忙耕种了。

时间过得很快，如弟弟所想，哥哥很快就捡不到士兵们遗留的武器了。哥哥因此连饭都没得吃，只好来投奔弟弟。弟弟因为耕种了两份农田，财富增长很快，不久就购置了很多的土地，成为了当地有名的地主。

哥哥不去正常的工作，而是去山里捡士兵们遗留下来的武器。结果弟弟成为了地主，哥哥到最后却仍然一无所有。

我们应当有弟弟的思维，知道去珍惜时间，能够充分认识到时间的宝贵。即便是需要放弃眼前的一点小钱，为了赚取更多的大钱，那也是有必要的。

弟弟能够放弃暂时捡武器得到的一点小钱，将时间放在辛勤的耕耘上，最后才能过上衣食无忧的生活。

那些吝惜钱财，轻视时间的穷人们，他们常常为一时间的所得而高兴不已。他们在高兴的时候，丝毫不会想到自己失去了最为宝贵的东西——时间。

 **人生感悟**

"一寸光阴一寸金，寸金难买寸光阴。"从这句自古流传下来的名言中就可以看出时间的珍贵一点也不小于真金和白银。

富人们明白这个道理，所以他们愿意用金钱去换取时间，他们从来不会因为时间而吝惜钱财。穷人们也明白这个道理，只是他们真正遇到事情的时候，却不再愿意用金钱去换取时间了。他们做的最多的，往往也总是用时间去换取金钱。

富人们因此可以用钱换来穷人们的时间，富人们的时间于是变得更加的充裕，他们也就有了更多的时间来赚取更多的金钱。结果人们所看到的，是富人们变得更加富有了。

穷人们总是用时间去换取金钱，哪怕是一点点微不足道的，仅仅能够填饱肚子的小钱。穷人们拿了富人们一点点的小钱，再耗费自己大笔大笔宝贵的时间，去帮助富人们赚取财富。所以富人们变得更加的富有，穷人们则永远只能填报自己的肚子。

所以说，富人们总是用金钱换取时间，穷人们则总是用时间去换取金钱。

富人不断学习，穷人不思进取

经济飞速发展的今天，高新技术层出不穷。即使你今天是个富人，也保证不了将来你不会被赶超。想要永远处于领先地位，你唯一能做的就是不断学习。富人知道这个道理，所以富人喜欢活到老，学到老。

不管一个人有怎样丰厚的家庭条件，如果不思进取，也会沦为穷人。他们丢失了富人的思想，也就等于丢失了财富。

一、不断学习是李嘉诚成为富豪的秘诀

知识就是力量，这是一句脍炙人口的名言。李嘉诚也十分相信知识的力量，因此，他十分热爱学习。

李嘉诚曾被誉为华人首富，自己拥有着一个巨大的工商业王国。有记者曾问过李嘉诚："今天你拥有如此巨大的商业王国，靠的是什么？"李嘉诚回答说："依靠知识。"另有一位外商也曾问过李嘉诚："李先生，您成功靠什么？"李嘉诚毫不犹豫地回答："靠学习，不断地学习。"

李嘉诚还曾说过："在知识经济的时代里，如果你有资金，但缺乏知识，没有最新的信息，无论何种行业，你越拼搏，失败的可能性越大。但是你有知识，没有资金的话，小小的付出就能够有回报，并且很有可能达到成功。现在跟数十年前相比，知识和资金在通往成功的道路上所起的作用完全不同。"

李嘉诚出身于书香世家，因此，从小就深受书本的熏陶，造就了他一生的优秀品德。从小就酷爱读书的李嘉诚，经常喜欢独自躲在书房里如痴如醉地看书，海阔天空地思考问题。

如今，李嘉诚已年逾八旬，仍爱书如命，坚持不断地读书学习。李嘉诚每天睡前必做的事情就是看书。他喜欢看人物传记，无论在医疗、政治、教育、福利哪一方面，对全人类有所帮助的人他都很佩服，都心存景仰。

真正的富人，往往都有着过人之处。虽然，他们给人的感觉通常是目光锐利，判断准确，但是，这些都来自他们对知识财富的积累。

李嘉诚是一个真正的富人，他就具有了富人的优点——热爱学习、不断学习、积极进取。李嘉诚任何时候都知道自己应该学什么，学这些东西干什么用，通过学习能让自己更富。因此，他的财富越来越多。

长江塑胶厂的创业便充分地说明了这一点。那时，李嘉诚完全是凭借着自己的努力，用努力学成的流利英语与外商进行商务洽谈，从而为长江塑胶厂赢得了不少客户，接收了不少订单，让他一举成为"塑胶花大王"。

不断学习让李嘉诚成为一个真正的富人。

二、不断学习让富人财源滚滚

富人热爱学习，他们活到老学到老，所以，他们的财富才能伴随一生。现在高新技术层出不穷，如果你想要赢得财富，就要通过不断地学习来充实自己，为的是让自己不被时代落下。而且，你比别人多掌握了一门学问，你的财富的道路也就比别人多了一条。

在一则小笑话中，老鼠首领不断学习、上进，竟然也能给自己带来好处。

在一个漆黑的晚上，老鼠首领带领着小老鼠出外觅食。他们来到这家人的厨房内，厨房的垃圾桶内有很多剩余的饭菜。这对于老鼠来说，就好像人类发现了宝藏。

正当这群老鼠在垃圾桶附近大吃大喝的时候，突然传来了一阵令它们肝胆俱裂的声音，那就是大花猫的叫声。震惊之余，它们便向四处逃去。

大花猫毫不手软，对老鼠一直穷追不舍。终于有两只小老鼠不幸被大花猫捉到，正当大花猫要将它们吞食之际，突然传来一连串凶恶的狗吠声。大花猫手足无措，只好放走老鼠，狼狈逃命。

大花猫走后，老鼠首领大摇大摆地从垃圾桶后面走出来，对小老鼠们说："我早就对你们说过，多学一种语言绝对是有利无害。这次，你们知道学习的好处了吧？"

多一门学问，就多一条生路。而不断学习则是富人的成功信条。

很多被载入我国史册的风云人物，少年时候都过得十分艰苦，但是他们仍然坚持不断、一心向学，才有了后来的成就。匡衡，就是通过勤奋好学的精神，让自己从穷人变为富人。

匡衡小时候家里很穷，所以他白天必须干许多活，挣钱糊口。只有晚上，他才能坐下来安心读书。不过，他又买不起蜡烛，天一黑，就无法看书了。匡衡觉得晚上的时间白白被浪费了，内心非常痛苦。

他的邻居家里很富有，一到晚上好几间屋子都点起蜡烛，把屋子照得通亮。匡衡有一天鼓起勇气，对邻居说："我晚上想读书，可买不起蜡烛，能否借用你们家的一寸之地呢？"

邻居一向瞧不起比他们家穷的人，就恶毒地挖苦说："既然穷得买不起蜡烛，还读什么书呢！"匡衡听后非常气愤，不过他并没有因此而放弃上进，更下定决心，一定要把书读好。

匡衡回到家中，悄悄地在墙上凿了个小洞，邻居家的烛光就从这洞中透过来了。他借着这微弱的光线，如饥似渴地读起书来，没过多久，他就把家中的书全都读完了。

匡衡读完这些书后，仍然感觉自己所掌握的知识是远远不够的，他越来越想继续看多一些书。于是，他想到了附近的一个藏书甚多的大户人家。

一天，匡衡卷着铺盖来到这个大户人家门前，对主人说："请您收留我，我给您家里白干活并且不要报酬，只要让我阅读您家的全部书籍就可以了。"主人被他执著读书的精神所感动，答应了他的要求。

后来勤奋求学、不断进步的匡衡做了汉元帝的丞相，成为了西汉时期非常有名的学者。

"一勤天下无难事"是王永庆常说的一句话,这也是他人生经验的总结。被世人誉为天才企业家的王永庆,正是凭借着不断学习、努力进取的精神,才让自己变得如此富有。

台湾首富王永庆,一生做过很多行业。像开米店、贩木材、建砖厂,直至建立台塑。除了米店,其他行业都是王永庆未曾涉足的。然而,在经过了努力研究、不断学习后,王永庆在每个领域都做出了一番成就。

勤奋的学习可以让你适应这个社会,而不断的学习可以让你永远走在时代的前面。所以,在富人的一生中,学习是从没有间断过的。"活到老,学到老"的精神,能将你推向社会的顶层,让你一直坐拥财富。

三、不思进取让穷人陷入绝境

不爱学习、不思进取往往会使人渐渐穷困。这样的人只掌握生存必要的技能,却懒于去做"含金量"更高的事情。所以,一旦他们赖以生存的环境发生变化,他们就显得十分被动、甚至陷入绝境。

有一些不思进取的女性,年轻时凭借着自己的美貌嫁了个有钱人。她们从此在家做起了全职太太,天天在家享福,也从未想过要通过学习来丰富自己。

而富人丈夫则永远在学习、在前进,随着时间的推移,夫妻间的共同语言会越来越少,二人的感情也会因此而走向终点,直至离婚。

离婚以后,不断学习、不断进取的富人仍然是富人。而这些没有知识的女性从此就失去了"摇钱树",不思进取使她们沦为穷人。而她们的青春已逝,再想靠着美貌去找新的"摇钱树",已不是一件易事。

不思进取就要落后,我国自古以来就因为落后而吃了不少亏。圆明园被掠夺正是因为清朝政府的放步自封、不思进取。我国因此丢失了很多珍贵的财宝,损失了大量的财富。

穷人如果想要获得真正的财富,就必须通过自己真正的努力、上进。不思进取只会让你被这个社会淘汰。

乔治·贝斯特是北爱尔兰历史上最杰出的足球明星,他的控球技术是无与伦比的,左右脚功夫更是了得,且擅长头球攻门。1967年,他帮助曼联队夺得了欧洲冠军杯，并让曼联成为英格兰第一足球俱乐部。

乔治·贝斯特在曼联队效力的6年里，与丹尼斯·劳和博比·查尔顿一起打造了曼联的第二次辉煌时代，同时他的年薪也创下了曼联史上最高纪录。

年轻英俊的乔治·贝斯特开始被越来越多的媒体关注，被媒体捧上了天，渐渐地，他有点飘飘然了。酒精和女人将他包围，而且越出名他喝得越多。媒体开始不再关注他的球技，而是关注他酗酒滋事等劣迹。

1972年5月，在曼联出场361次进136球后，贝斯特宣布退役，当时他只有26岁。为了躲避曼联的召唤他逃到西班牙，在那里度假4个月。1972年12月，曼联将他列入出售名单，几天后，宣布将贝斯特从球队开除。

不思进取让贝斯特丢掉了往日的风采，过上了奢靡的生活，这让他在晚年的时候十分贫困潦倒，甚至到了要把荣誉奖杯拿出来拍卖的地步。

此后，年纪渐大的贝斯特几次住进医院，治疗因为酒精造成的种种病症。2005年他再次住进了伦敦的医院，情况相当危险。8周后，由于肾部的炎症引发了肺部的感染，在2005年11月25日，贝斯特因病去世，终年59岁。

不思进取能让一个曾经那么优秀的球星陨落，同时也能让富人沦为穷人，这两个结果都在贝斯特身上得到了验证。

 人生感悟

<u>不思进取不但能让穷人陷入绝境，也能让富人的财富从手中白白流走。如果穷人想要成为富人，就要先改掉不思进取的恶习，并且不断地努力学习，才能成为富人。而富人如果想一直坐拥财富，也必须活到老，学到老。</u>

富人从失败中寻找教训，穷人不断寻找借口

拿破仑说过："不会从失败中找寻教训的人，他们的成功之路是遥远的。"如果你不找原因，只想着找借口为自己开脱，那么，你下次遇到类似

的情况，还会失败。虽然，有时你的借口看起来是那么合情合理，但是，再合理的借口也不能让你明白失败的真正原因。

所以，找出失败的原因，才是你成功的根本。

一、找出失败的原因才是唯一出路

不管你是穷人还是富人，失败都会降临到每个人的身上。而穷人和富人的区别就在于：富人能找出失败的原因，而穷人找出的是失败的借口。

美国通用汽车公司一直在全球财富榜名列前茅，他们就知道在失败的时候找出原因，才是解决问题的唯一出路，即使，有些问题听起来那么不合逻辑。

有一天，美国通用汽车集团下属的庞帝雅克公司收到一封客户抱怨信，信中这样写道：

庞帝雅克公司：

您好。这是我为了同一件事第二次写信给你们，我不会怪你们不给我回信，因为我也觉得这个问题十分不合逻辑，但这的确是一个事实。

我们家有一个传统的习惯，就是我们每天在吃完晚餐后，都会以冰淇淋来当我们的饭后甜点。由于冰淇淋的口味很多，所以我们每天投票决定吃哪种口味的冰淇淋，等大家决定后我就会开车去买。

但是，自从我最近买了一部新的庞帝雅克之后，在我去买冰淇淋的路上，车子就出了奇怪的毛病。每当我买的冰淇淋是香草口味时，从店里出来后，车子就发不动。但如果我买的是其他的口味，车子发动得就很顺利。

我要让你们知道，我对这件事情是非常认真的，尽管这个问题听起来很奇怪。为什么这部庞帝雅克，在我买香草冰淇淋的时候，它就打不着火，而不管什么时候，我去买其他口味的冰淇淋，它就可以顺利发动？请贵公司一定要能引起重视，并一定要给我解决。

——您的顾客杰克

庞帝雅克的总经理刚看过信后，觉得这位杰克很有可能是个没文化的穷疯子，觉得这个问题根本不合逻辑。但是，他仍然希望找出问题的真正原因。于是，他派了一位工程师去查看究竟。

当工程师见到杰克时，发现杰克是一位事业成功、乐观且受过高等教育的人。

由于，工程师与杰克约定的见面时间是在晚餐后，那个晚上投票结果是香草口味，两人于是开着这部问题车往冰淇淋店驶去。当买好香草冰淇淋回到车上后，车子果然打不着火了。

之后，这位工程师之后又依照约定，来了三个晚上查看车子。

第一晚，巧克力冰淇淋，车子没事。

第二晚，草莓冰淇淋，车子也没事。

第三晚，香草冰淇淋，车子打不着火。

这位思考有逻辑的工程师，到目前还是仍然不相信是香草冰淇淋的问题。因此，他仍然不放弃，继续安排相同的行程，希望能够将这个问题解决。

这次，工程师开始记录问题车相关的种种资料：如时间、车子使用油的种类、车子开出及开回的时间……将所有的资料进行比对后，他终于得出了一个结论——杰克买香草冰淇淋所花的时间比其他口味的少。

原来，香草冰淇淋是所有冰淇淋中最畅销的，店家为了让顾客每次都能很快的取拿，将香草口味特别分开陈列在单独的冰柜，并将冰柜放置在店的前端，而其他口味的冰淇淋则放置在距离收银台较远的后端。

因此，这部车的问题是，从熄火到重新激活的时间短就打不着火。工程师知道了原因，下一步就是解决问题。经过一番思考后，很快地由心中浮现出答案，应该是"蒸气锁"的问题。

因为，当杰克买其他口味冰淇淋时，由于时间较久，引擎有足够的时间散热，重新发动时就没有太大的问题。但是购买香草口味冰淇淋时，由于花的时间较短，引擎太热，无法让"蒸气锁"有足够的散热时间。

工程师随即将这个结论汇报给了公司，通用汽车公司也十分重视这个问题，给杰克解决了问题，也改进了以后的车型。从此，就再没有这种问题发生。杰克也再次去信给通用汽车公司，表示以后有需要时仍会选择通用汽车。

虽然，有些问题看起来是那么不合逻辑，但是，有时候正是这些问题才是真正的起因。通用汽车公司不放过任何一个细节问题，才让他们找出了问题的根本，解决了车子设计上的缺陷，重新赢得了客户的信任。

我们在遇到失败时，也要竭尽全力去找出失败的原因，然后，努力解决问题，才是成功之道。只有这样做，才能让你成为名副其实的富人。

二、穷人为失败找借口

根据美国商业年鉴统计，二战后，在世界500强的企业中，西点军校培养出来的董事长有1000多名，副董事长有2000多名，总经理、董事一级的有5000多名。而其中有一些学生更是了不起，他们成为了可口可乐、通用、杜邦等公司的创始人。

200年来，西点军校一直将"没有任何借口"作为学员最重要的行动准则。而每一位西点军校的学员也将此准则奉为自己的做事准则。

反过来看穷人，他们一旦遇到失败就会找借口，为自己的错误辩解。穷人也常喜欢把客观原因放在首位，而忽视了自己主观原因的重要性。其实，为自己找借口，也是一种不负责的表现。一个连责任都不愿意负的人怎么能成功呢？

当穷人在工作出现错误时，就会找出一大堆借口来为自己辩解，并且说起来振振有词、头头是道。

在交货迟延的时候，他们就会说："这完全是因为调度没有协调好。"客户觉得公司产品质量不佳时，他们又说道："这都要怪质检部门工作的疏忽，与我没有关系。"自己的工作失误了，又辩解道："我的工作都是按公司的要求去做的，错不在我。"

他们总认为，找借口是在为自己辩护，并且能把自己的错误掩盖。但事实并非如此。第一次，有可能老板会原谅你，但在老板心中也一定有些许不快。如果，你再次犯错，老板一定会将你全盘否定，判定你是个不负责任的人。

所以，在错误发生时，只想着为自己辩解、开脱并不能改善现状，所产生的负面影响还会让情况更加恶化。很有可能，你就像下边故事中的工程师那样，直接断送了自己的前程。

有一个毕业于名牌大学的工程师，有学识，有经验。但是，他总是喜欢犯错后寻找借口为自己辩解。

起初，工程师刚到这家工厂上班时，厂长对他很信赖，事事放手让他去干。结果，却发生了多次失败，而每次失败都是工程师的错，可工程师都有一条或数条理由为自己辩解，说得头头是道。

厂长实际上并不懂技术，所以，常被工程师驳得无言以对，理屈词穷。厂长看到工程师不但不肯定承认自己的错误，反而总是在推脱责任，对他大失所望。虽然工程师技术不错，但为了厂子着想，厂长只好让工程师卷铺盖走人了。

所以，不管你是在职场还是在商界，在失败的时候千万不要浪费时间去找借口，而是应该多用心去找出失败的原因，并且通过自己的努力战胜失败，获得成功，挣得财富。

 人生感悟

如果你已经能够做到在失败时找原因而不是找借口，那你就离成功更近了一步。既然原因已经找到了，下一步你要做的就是，针对失败原因提出解决方法，并尽自己最大的努力来解决问题，那么你一定会成为富人。

第三篇

正视贫富

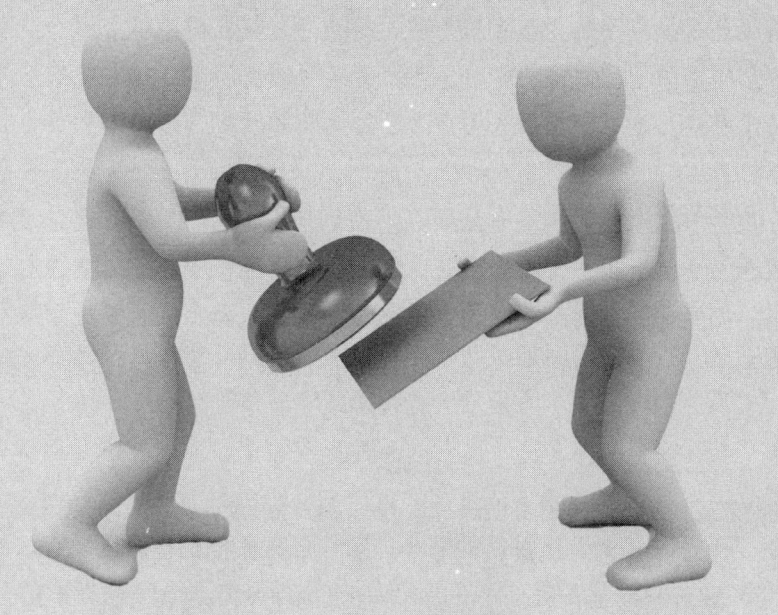

正确看待贫穷

一个人一生之中不会总是生活在幸福和富有之中。对于大多数人而言，正确地看待财富和幸福，并能够在不断的努力中逐渐实现自己的财富梦，获得自己想要的幸福，这样才能获得快乐。

贫穷并不可怕，可怕的是向贫穷让步。家庭生活暂时比较贫困的人，一定要抛弃自卑的心理，树立乐观向上的人生观念，用聪明才智来体现自身价值。贫穷能锻炼人的意志，当我们能够正确看待贫穷时，命运就会因此而改变。

英雄自古出寒家，纨绔子弟少伟男。对于出身贫困的人，最重要的不是急于改变现状，而是最先端正人生坐标，把握好心态。古今中外不少成功人士，有不少人出身贫寒，但贫寒并没有阻挡他们成功的道路，反而锻炼了他们的意志，给予了他们走向财富和幸福最重要的品质。这些优秀的品质弥补了他们在物质上的贫乏，成为他们迈向成功的巨大精神财富，而他们深刻地体会到成功的不易，更加知道如何让自己的所得长久。所以，从贫困中走出来的人，其品质更容易被人信任。他们能够获得的财富和幸福也因为有了这种品质的依托而快速地增长。

在这个物质时代，贫穷确实不是一件值得庆幸的事。但贫穷本身没有错误，它可以成为一种激励人奋发向上的动力，使人在逆境中保持奋发向上的精神状态，把暂时的艰辛转化为成功的动力，让贫穷成为人生另一种财富和珍贵的记忆。

成功者迈出的每一步都是艰辛的：这一方面是由于社会物质条件贫乏造成的；另一方面则是极度的精神压力给予的。事实已经证明，最初的物质贫困所造就的人常常是最后能够得到幸福和财富的人。

我国每年考入重点大学的学生中，有很多都家境贫困，甚至有不少人是在一种让人难以想象的贫困和苦难的环境中长大的。他们根本没有好的学习条件，每天要做繁重的家务，条件恶劣，他们什么也没有，但有一样珍贵的东西是属于他们的，那就是在贫穷和苦难中磨炼出来的人格和力量。这种人格和力量，使得他们做到了坚强，让贫困成为激励自己艰苦奋斗的动力。

我们要从心态上改变对贫困的看法，正确看待自己的处境，努力消除自卑感，增强自信、自强、自立意识，培养自己吃苦耐劳的品质和社会生存能力，消除贫困造成的消极影响，努力实现人生目标。

美国前副总统亨利·威尔逊小的时候，家境非常贫困。他曾经回忆说："我出生在贫困的家庭里。当我还在摇篮里牙牙学语时，贫穷就露出狰狞的面目。

我深深体会到，当我向母亲要一片面包而她手中什么都没有时是什么滋味。我承认我家确实很穷，但我不甘心。

我要改变这种情况，我不会像父母那样生活，这个念头无时无刻不纠缠着我。可以说，我一生所有的成就都要归结于我不甘贫穷的心。十岁那年我离家，当了十一年的学徒工，每年可以接受一个月的学校教育，十一年的艰辛工作之后，我得到了一头牛和六只绵羊作为报酬。我把它们换成几个美元。从出生到二十一岁那年为止，我从来没有在娱乐上花过一个美元，每个美分都是经过精心计算的。

在我二十一岁生日之后的第一个月，我带着一队人马进入了人迹罕至的大森林，去采伐大圆木。每天，我都是在天际的第一抹曙光出现之前起床，然后就一直辛勤地工作到天黑后星星探出头。在一个个夜以继日的辛劳努力之后，我获得了六个美元作为报酬，当时在我看来这可真是一个大数目啊！"

就是在这样的贫困环境中，二十一岁之前的他已经设法读了一千本好书，这对一个穷人家的孩子来说是多么艰难的事情啊！后来，他在马萨诸塞州的议会上发表了反奴隶制的演说，引起了人们的广泛关注，从那时起他逐渐走上了政治道路，最后终于如愿以偿，当上了副总统。

 人生感悟

不要再为窘迫的生活而苦恼，学会将其转化成推动你前进的助力，只有这样，才能取得成功，获得属于自己的幸福。

贫穷不是碌碌无为的托辞

平常人都很羡慕别人致富,自己却没有去致富的行动,总是为自己找着各种借口。

我们小时候读到的那只吃不到葡萄说葡萄酸的狐狸,一直被大家嘲笑,但是现实的人又何尝不是这样。找借口很容易,大家都喜欢找借口。

你会看到很多没有成功的人在谈起他们自己的时候总爱找各种各样的借口,还觉得很顺理成章,觉得那就是自己失败的真正原因。

"如果不是形势不好,我怎么会没有上学的机会,我怎么会这么平凡?"

"如果我生来就有运动员一样强健的体魄,早就不会待在家里过这样的生活了,说不定我现在就是刘翔第二。"

"如果我像那些年轻人一样年轻,我就不去给别人打工了,我就创业,可是现在我老了。"

"如果不是对方运气好,我运气差一点的话,总经理的位置能不是我的?"

富人从不为失败找借口,看到机遇会紧紧抓住,并付诸实践。穷人总是躺在贫穷的老摊子上喊穷,只会抱怨和等待,不抓机遇,只为贫穷找借口;富人总想经商赚钱,做小的,看远的,哪怕举债,也要一干到底。穷人大事做不了,小事不愿做,顾虑重重,难以决断;富人舍得信息投资,舍得花钱订报装电话。穷人宁可抽烟、赌博,也舍不得花钱买书买报;富人经商干活不怕苦、不怕累,风里来雨里去,总是闲不住。穷人却总是闲着串门、说闲话、晒太阳、打扑克……

香港亿万富翁李嘉诚的最高学历只是初中,而且还有一年没读完;富兰克林·罗斯福患小儿麻痹症,下肢瘫痪,但他却连任四届美国总统;"蚊帐大王"杨百万,66岁才开始摆小摊做生意;日本一代经营之神松下一开始也是个小员工……但是,他们从来没有为自己找类似的借口,不管是失败还是成功。

就这样,大部分人成为穷人,因为他们总是能为自己的贫穷找出各式各样的理由,而不能改变这种现状。成为富人的那一小部分,并不是因为他们天生就是富人，而是他们不甘于贫穷，于是他们不断地尝试，尝试过程中也不断地遭遇失败，但他们并没有因此停下脚步，而是继续竭尽全力地寻找着致富的办法。

很多人都知道比萨好吃，但关于比萨的故事却鲜为人知。

50年前，有个叫卡纳利的美国年轻人，他家里开着一家杂货店，但是一直就不怎么赚钱，一家人过得极为清贫。于是，年轻的卡纳利就劝他的父母，既然经营这么多年也没有赚到钱，那就是这样的经营方式不对，干脆不要了，想想别的办法。

他察看了他家附近的环境，发现周围有几所大学，学生都喜欢出来吃快餐。他想到在他家周围还没有人开比萨屋，卖比萨这种快餐肯定能行，于是他就在自家的杂货店开了一间比萨屋。装修得精致并且温馨的比萨小屋，十分符合大学生高雅又讲究情调的特点。不到一年的时间，卡纳利的比萨屋就成为那一带的名吃，每天食客爆满。之后，他又开了两家分店，生意都很好。

开了这几家店之后，他的眼光远大起来了，他想做得更大。于是他在俄克拉荷马开了分店，等店开起来之后还没有尝到成功的果实，坏消息就传来，他的两家分店都严重亏损。他按照在老家的规格准备的食物量，没想到根本卖不完，后来干脆将准备量降到一半以下，可是还是没有生意，最后干脆一天才准备50份，这是一个连房租都不够的数字，结果一天只有几个人光顾。他感到特别奇怪，于是开始了调查，最后才发现，这里的大学生的口味和家乡的完全不一样，开始准备的东西大家都不愿意吃，而且大家也不喜欢他那种风格的装修。等他明白之后，他马上改正，生意很快兴隆起来。

后来他的眼光迈向了纽约，他吸取了以前的教训，市场调查作得特别详细，但是还是没有销路。经过好久之后他才发现，他的比萨饼太硬，纽约人不喜欢，他立即研究新配方，改变硬度。最后，他的比萨饼成为纽约人早餐的必备食品。

想成为一个富人，就不要怕失败，要怀着一种积极的心态，不断地在失败中寻找症结所在。成功的关键就是你要学会，在行动中尝试——改变——学习——再尝试……直至成功的一种方法。

在奋斗的过程中，每个人都有可能遇到不成功的时候，别灰心，更不要为自己找各种理由，就把失败当成是一种成功前的考验吧。

有一天，俄罗斯的著名作家克雷洛夫正在大街上行走，突然被一个农民拦住，农民向他兜售自己种的苹果，叫他买些自己的果子，但是果子有点酸，那是农民第一次种苹果。

这个憨厚、诚实的农民把克雷洛夫给打动了，于是克雷洛夫买了几个果子，然后告诉他说："小伙子，别灰心。只要努力，以后种的果子就会慢慢地甜起来了，因为我种的第一个果子也是酸的。"

果农听了之后还以为自己碰到了一个"同行"，于是想向他讨教一下经验。

克雷洛夫笑着解释道，他不是果农，他是一个作家，他的第一个果子就是他写的第一个剧本，名叫《用咖啡渣占卜的女人》，可是这个剧本直到现在也没有一个剧院愿意上演，那是一个没有成功的果实。

财富的创造也是这样。要想获得成功，必须首先学会面对失败，在失败之后坚持不懈。只要我们持续不断地去敲门，成功之门最后总是会被打开的。

爱迪生的试验多数都是失败的，这是大家都知道的事，但是在失败后他总能成功。富人都是这样，1次的成功就对应着99次的失败，只要有希望，就不要放弃。

就像养花的盆子，你用一个完好的瓦盆和一个摔出缝的瓦盆养出来的花是不一样的，有缝的瓦盆养的那花长得一定特别艳丽，这是有原因的。瓦盆有了裂缝，一旦花盆里的雨水多了，水就会顺着裂缝自动地渗透出来，使花盆不至于积水，花也就有了一个良好的生长环境，花自然就长得娇艳。做人是一样的，有了失败的经历才知道怎么做才是最好的。

人生感悟

其实富人在成功之前也许并不比穷人的命好多少，甚至更差，关键是他们的眼光远大，他们深信眼前的不利是暂时的，所以他们耐住了性子，不急不躁、不卑不亢，不断调整前行的方向，锲而不舍，最终跃身财富榜。

穷人的孩子早当家

古今中外，许多业有所成的名人，都是从贫寒的家境中走出来的。小时候艰苦生活的经历赋予了他们宝贵的精神财富，激励他们早年立志，奋发图强。

穷人的孩子早当家，道理就在于此。

人类有一样东西是不能选择的，那就是每个人的出身。有的人生为王子，天地至尊；有的人天生是乞丐，贱如草芥；有的人天生富贵，家财万贯；有的人贫困如洗，家徒四壁。贫穷是人类挥之不去的一个阴影，它折磨、困扰着无数的人们。然而，贫穷和困苦也能磨砺一个人的意志，使他能拥有坚韧不拔的精神和意志。其实，一个人在年幼时吃点苦，能增长许多见识，受益是无穷的。

所以说，贫穷对一个孩子的成长来说是一笔宝贵的财富。春天的大地上，处处盛开着美丽的花朵，然而，最娇艳的花朵总是生长在那片最黑的土地上；山谷里，树木繁茂，然而最伟岸挺拔的树木总是生长在最陡峭的岩石上；人世间，芸芸众生，然而最能取得辉煌成就的佼佼者大多是从磨难中产生出来的。

巴西著名球王贝利喜得贵子，亲朋好友都前来祝贺。有人问贝利："你的儿子将来能取得像你这样的成就吗？"球王耸了耸肩，摇了摇头，说："我的儿子尽管可能成为一名运动员，但绝无可能取得我这样的成就。因为，他不够幸运——他不是出生在贫民窟里。须知，明星球员总是来自穷人之家。"

贝利把自己贫苦的出身当做自己成为"球王"的决定性因素，并引为自豪。这和我国著名美学家朱光潜教授说的"有钱难买幼时贫"是一个道理。

生物学家曾经搞过这样一个试验：如果把一只青蛙直接放进沸水里，它拼命也要迅即从水中跳出来。但是，如果把它放在温水中，它会觉得很舒服，待在水中一动不动；如果继续加温，它就会逐渐变得躁动不安，却不会跳出水面，只是在水里游动，当水加热到它无法忍受而想跳出水面时，它已心有余而力不足了。就这样，随着水温的进一步升高青蛙会慢慢地死去。

这个"温水效应"的试验，何尝不适合人类呢？一个只图眼前舒服，苟安于一时快乐的人是不会取得成功的，只有那些不畏艰难困苦，努力拼搏的人才能取得辉煌的成绩。

亚圣孟子说得好："天将降大任于斯人也，必先苦其心志，劳其筋骨，饿其体肤，空乏其身，行拂乱其所为，所以动心忍性，增益其所不能也。"这意思是，人一定要经过艰苦的磨炼，使意志刚强，体魄健壮，增长才干，才能担负起重任。

人生感悟

穷人家的孩子从小就生活在苦难中，环境逼着他自强不息，也就在无形中培养了他们自立自强的宝贵品质，贫穷是孩子成长过程中最好的学校。

大胆地与穷人圈子告别

俗话说"宁为鸡头，不为凤尾"，没有人愿意与平庸为伍，一辈子待在一个自己都不愿接受的环境。

穷人要想跳出自己的圈子，所谓"近朱者赤，近墨者黑"，抬头一看周围全是和自己一般的穷光蛋，久了也变得安于贫穷，不思进取。

有"世界商人"之称的犹太人，从小就教育孩子：再穷也要站在富人圈子里。所以，犹太人从孩提时代起，就知道要向富人学习，而从不认为自己天生就是穷人。世代相传的结果，是这个没有土地和国家的民族成为世界的商人，产生了一个又一个富可敌国的大亨。

穷人要走出自己的圈子需要勇气，面对传统，你要敢说出像"燕雀安知鸿鹄之志"这种话来。陈胜也是穷人，但是他却敢与"王侯将相"为伍，这也是他的梦想。

有梦想才有动力，穷人都有发财的梦，却少了几分执著，要走出自己的圈子也就变得非常困难了。

一个女孩，从小就想当童话作家。

23岁时，她遇到了心中的白马王子。可是，她常常会在约会时，突然向他讲述自己刚刚想到的童话故事。而对方则非常反感这些不切实际的故事，同时觉得既然她投出去的稿子全都石沉大海，就表明她不适合做童话作家，从而要求她抛开这些奇思怪想。

但她是如此热切地渴望实现自己的梦想，甚至不惜为此放弃珍贵的爱情。

大学毕业后，她一边工作，一边坚持写童话——虽然除了自己没有第二个读者，但她坚信自己可以成功。

后来，她和一位才华横溢、幽默的青年记者结了婚。可是她对童话的执著，仍然让他难以接受，两人很快分道扬镳，她成了一个单身母亲。

祸不单行，离婚后不久，她又遭到解聘的厄运。

身无分文，却还要喂养一个女儿，她只得回乡，靠领取社会救济金和亲朋好友的资助生活。

面对重重打击，她依靠对成功的强烈渴望，支撑了下去。虽然生活一再嘲弄她，但也没能阻止她的童话写作。

直到有一天，她的长篇童话《哈利·波特》诞生了，这本并不被出版商看好的书，一出版就畅销全国，发行量达到数百万，随即又被翻译成多种文字，被各国出版商争相引进。她终于成功了。

她的名字——乔安娜·凯瑟琳·罗琳。如今，她的书迷遍布全球，从乡村到城市，从大人到小孩。她还成被美国《福布斯》杂志评选为"100名全球最有权力的名人"中的第25名；同时，占据了"英国在职妇女收入榜"之首的位置。

詹姆斯·阿伦曾经在《如你所愿》一书中，如此写道："只要你心中真正强烈地怀有梦想和远大的理想，你就会意识到，你终究会成为你最渴望成为的那种人。"乔安娜·凯瑟琳·罗琳正是由于对梦想和成功的热切渴望，使自己最终成为知名童话作家。

当穷人觉得是命运在操纵着自己的生活或者觉得前途艰难时，要用自己对成功的渴望，将自己拉出命运的旋涡。如果你认为自己能做到，不管走多远的路、绕多大的圈，你也一定能做到；如果你认为自己做不到，那你在一开始就输掉了自己的人生。

有了成功的推进器，再加上高能量的燃料，穷人的火箭就可以顺利地发射升空，进入预定的财富轨道了。

如同富人一样，全力前进的欲望，就是穷人的高能量燃料。

小泽征尔先生，是日本少数几个足以向世界夸耀的国际级音乐大师和著名指挥家之一。

他的成功，是随着他全力以赴参加贝桑松音乐节的"国际指挥比赛"而来的。

他自从决定参加这个比赛以后，就废寝忘食、夜以继日地不断练习。

他到达欧洲后，首先需要要办理参赛手续。但由于没有经验，他的证件准备得不够齐全，导致他无法办理必备的手续，从而不能参加比赛。

一般的音乐家总是矜持而内向的，如果遇到类似情况，无一例外都会选择放弃。但小泽征尔则完全没有这个打算，他要全力以赴地积极争取。

他找到日本大使馆，却得到无法解决的答复。接着，又根据偶然听到的"任何喜欢音乐的人，都可以参加美国大使馆的音乐部"的传闻，立即赶往当地的美国大使馆寻求帮助。

当时的使馆负责人是音乐家出身的卡莎夫人，听他说了原委后，明确表态："美国大使馆不得越权干预音乐节的问题。"

小泽征尔先生为了参加比赛，完全抛开了作为艺术家的矜持和面子，仍然执拗地恳求卡莎夫人。

他的执著终于打动了卡莎夫人，卡莎夫人帮助他获得了参赛资格，使他最终有机会获得冠军，建立了他世界级大指挥家不可动摇的地位。

不论贫富，每个人都有自己的梦想，都憧憬某天成为一个人物。但是，事实上，大多数人，尤其是穷人，常常会违背自己当初的梦想。

我们平时经常会听见人说：

"我想进NBA，想像乔丹一样创造奇迹，但是我做不到。"

"如果我可以试一下的话，也肯定会失败。"

"我缺乏投篮的感觉，还缺乏好的训练和经验。"

太多人的愿望，在刚刚崭露头角时，就被自己用这种消极的、贬低自我的方法击碎了。而全力以赴前进的欲望，则可以让你完全抛弃这些扼杀愿望的"凶手"。

全心全意的努力和奋斗，使人们实现自己的愿望变为可能，从而充满了热情和活力。很多五六十岁的千万富翁们，即使每天只休息四五个小时，也从未抱怨。因为他们有明确的目标，达到目标的愿望使他们像小伙子般充满活力。全力向前的欲望，是富人的秘密燃料。

拥有了推进器和燃料，穷人在实现富裕的路上，还会遇到各种障碍和打击。而批评就是其中最常见的打击之一，穷人又该如何面对它呢？

要想成功地迈过这道障碍，就要像富人一样，将批评当作激发自己潜能和取得成功的加速器和方向调节器。

在事情的发展过程中，不可能不出现任何错误或缺点，所以旁人的批评也在所难免。

正所谓"当局者迷，旁观者清"，他人的批评，有时可以使当事人所犯的错误越来越少，因此将批评当作前进方向的调节器，可以使穷人少走弯路。

当然，还有很多批评者往往喜欢看到别人失败和犯错，以此来证实自己的明智。所以，他们就不可能像真正的良师益友那样，帮助穷人完善自我，他们热衷的是改变他人的运动轨迹和目标。

很多富人都曾经被告知：

"你缺乏这方面的才能！"

"你绝不可能成功！"

"你简直是异想天开！"

"你太笨了！"

"你不适合！"

每一句都言辞凿凿、掷地有声，如果穷人听见这样的话，肯定会立即产生动摇，草草收兵不战而退。

但是富人们却会谨慎地对待上述话语，坚决抵制那些会削弱自己决心的言论，同时还会从这些所谓的劝告者身上获得巨大动力，从而获得事业的成功和财富的增长，用事实让那些居心叵测的劝告者闭嘴。

相对于穷人，富人和正要富起来的人，更容易受到批评，他们将其视为对自己个性的磨炼。这种磨炼，对于一个想要获得成功的人，是绝对必要的，这也是每个富翁的必修课。

富人在学会正确面对批评的过程中，还同时获得了成长和与众不同的思考方式。

所以，穷人要想获得成功，必须学会对批评进行理智的分析，并把它当作激发自己潜能和取得成功的加速器。

穷人的财富火箭，如果具备了以上的种种装备，才可以敲开财富的大门。不过，如果穷人还想让自己获得更多更长久的财富，就需要像富人一样，为未来做好充分的准备，这样，才能将宝藏的钥匙紧紧掌控在自己手中。

富人们总是热衷于了解本行业以及相关行业的未来趋势，并为此做好充分的准备。所以，虽然看上去似乎是富人在掌控着潮流的方向，实际上只是他们提前顺应了潮流罢了。

超级管理大师彼得·德鲁克曾经提醒世人："了解未来，才能够创造世界。"

富翁们不断收集各种信息，试图更多地了解整个行业甚至社会的未来，判断自己目前投资的行业是否能在几年之后仍然拥有较高的回报率，从而掌握时机。有远见的成功者，不会一成不变地死守某个项目，而是会不断追随未来最热门的行业。

如同服装设计师，光知道目前市面上流行什么风格的衣服，根本不能算一个合格的设计师。

你必须根据自己的阅历和掌握的情报，提前估计出下一季或两季的流行趋势，这样做出来的款式设计才有厂家愿意购买。这也是巴黎的时装展示会总是会比实际季节提前半年到一年的原因。

为未来做好充分准备的重点，在于比一般人提前半步，知道将要流行的东西。不过，也不可太超前，否则过于领先，就会因无人能跟得上步伐而没有市场。

当富人知道某个行业将来会成为热门，而这个行业又是自己不熟悉的时，就会提前充实自己的知识和技能，争取比别人懂得更多、更彻底一些，只有这样，把握成功的概率就会高得多。

如果穷人能像富人一样，提前为未来做好充分的准备，就能更好地把握住财富。

人生感悟

贫穷是失意者的象征,人人都痛恨;而富有则是一种矜持傲慢的状态,被人仰视。穷人要想尝试居高临下的滋味,就要大胆跳出舒适的穷人圈子,和富人站在一起,如此方能更好、更全面地汲取他们的思维模式和经验,从而逐渐进入成功的轨道,最终实现致富的目标。

穷人要虚心学习

日本在二战后能够迅速崛起靠的是什么?原因固然很多,但重要的一点便是潜心学习,学习其他国家的先进经验。然后再加以改造、创新。一个国家都能这样,一个公司、一个穷人更能如此,只要如此,便会腾飞。

1982年,美国哈雷摩托车的主管前往日本本田摩托设在俄亥俄州的工厂访问,结果令他们很吃惊。当时本田在美国重型摩托车市场拥有40%的占有率,是哈雷最强劲的对手。因为骑摩托的人都认为本田的摩托车不但价廉,而且比哈雷耐用好骑。

哈雷当时只想学学本田用来打败他们的科技,但是他们在本田厂内却看不到电脑,也没有机器人,没有特别的作业系统,而只有少量的纸上作业。他们看到除了30名职员领导着420名装配工人外,再没有别的了,只是这些员对工作显得很满意。

本田的赢,赢在它会活用常识,而这也是哈雷可以学习的地方,5年以后,哈雷重整旗鼓,在美国重型摩托车的市场占有率从23%倍增到近50%。一切都是因为俄亥俄之旅使哈雷的态度有了革命性的转变,从美国的好勇斗狠变成卑微可亲、到处求知的形象。在一年之内,哈雷采用了最好的人事管理制度和品牌策略,这些使哈雷得以脱胎换骨。

美国康州诸瓦克的史都李奥纳,是全球管理最好的超级市场之一。史都李奥纳有一辆巴士,公司就利用这辆巴士定期载着员工出去参观别的同行业务,有时还到400英里以外的超级市场参观。他们把这种实地参观叫做"一个点子俱乐部"。每个员工至少要找到一处别家超市比李奥纳强的地方，而且要提出如何可以迎头赶上甚至超过的点子。

观摩与比较，通常会促使一家公司采取并实施最有效的改进措施。立即树立原认为不可能，但实际上是可能达到的目标，摩托罗拉于1981年制定似乎难以达成的目标：在5年内将品管统计方法改进十位，结果在1983年年底，他们就比预定期限提早两年达到这个目标。摩托罗拉的副总裁诺克斯说："我们现在明白，一个人必须树立高远和不可能的目标，以前我们年增长率维持在15%，如果我们将增长率提高到20%，大家会多流一些汗，达到公司的要求，但不会在作业方式上有真正的大改进。如果现在我们说要达到10倍的增长，那么大家就知道这样非得痛下苦功不可了。"

任何人都能找到赢家并加以模仿，也许创业者可以从自己的最佳供应商或最佳顾客开始。

美国第一芝加哥公司发起一项品管运动的时候，他们知道这跟许多著名的大公司3M、IBM、福特都有关系、于是主要去向这些公司求助。有些公司甚至向他们的日本关系企业学习。小公司刚开始可以先向美国速递公司或施乐这些供应商学习，其实，大部分杰出的公司都很乐于助人，但是，如果你的对手不肯帮忙，没关系，整理出公司内需要协助的部分。然后找一些不是竞争者的其他行业的企业。这样的企业同样可以给你带来启发和指导，关键看您会不会学。

 人生感悟

穷人可以没有钱，但不能没有虚心学习的精神。

锁定目标走自己的路

有志之人立大志，无志之人常立志。

每一个人在他的短短几十年中，不知立下了多少目标，有长期的，也有近期的，可真正实现了的却是很少。穷人在这方面更是严重，我明天就去深圳打工、我明天上北京找活干、实在不行俺也弄个公司、干脆开个商店……如此的豪言壮语、雄心壮志不知听了多少遍，可是到了明天还是老

样子。没有变化，也没有波澜，到了明年，仍是照旧，穷的还是继续穷下去，富的仍然在富。其关键是有的人锁定了目标，并把理想付诸于行动，即使没有成功，也有教训，为下一次奋斗提供了丰富的经验。而有的人只停留在嘴边，只有口动，没有行动，即使有，往往走别人走过的路，没有创新，没有探索，只有模仿，别人吃肉，他来喝汤，有时连汤也没有，只好从哪儿来到哪儿去。

邱吉尔的演讲功力令世人折服，其演讲的措辞语调和手势中透出非凡的勇气和力量。二战中最困难的时刻，英国军民的精神支持，几乎全靠邱吉尔每天的广播演讲。可是有谁知道，邱吉尔青年时特别害羞，一讲话就脸红，期期艾艾，唯唯诺诺。当他确定了自己远大的目标和抱负后，决心改掉这个毛病。几年后，他便风度翩翩，语惊四座。邱吉尔如果不下决心改掉自己的毛病，锁定的目标不能实现，他就不能成为不列颠的首相，英国的抗战反法西斯力量可能就没有如此顽强。

眼前，大路小径纵横交错，如一张令人迷茫的网。

人人都得走过这张网。

一位智者和一位愚者走到了这张网眼前。

智者弯下养尊处优的身子，显出颇有教养的神情，从容不迫地理起网来。他要找出一条路，走过那张迷人的网。

愚者停下脚步，四下打量权衡之后，勇敢地跨出脚步，向那张网走去。他要踩着那张网，朝着自己的目标，走出自己的路。

智者认为自己聪明，走一条捷径，总想偷懒，结果仍在原地上徘徊；而所谓的愚者锁定了目标，坚持走自己的路。虽前进的途中布满荆棘，不过他们已走出沼泽，迈向新的征。

 **人生感悟**

<u>人穷并不可怕，怕就怕在自己不能坚持。既渴望实现目标，不甘做穷人，但又缺乏改变自己命运的勇气。其实真理就在前面，机会就在前面。就看你会不会伸出手去抓、去采，怎样去抓、去采！若一味地犹豫、优柔寡断，只能看着别人摘下满天星，看着别人的喜悦，来品尝自己的辛酸。</u>

先做好本职工作

如今有的人天天抱怨，特别是穷人，认为自己每天重复琐碎的工作，无聊透顶。他们梦想干一番大事业，既轰轰烈烈，又名利双收。可是他们忽略了好多名人、富人都是从基层做起，白手起家，没有长久的锻炼与磨难，是不会发光的。关键是耐得住寂寞，做好自己的本职工作，干得出色，就有提升的机会。连小事都做不好，怎么来干大事。一屋不扫，何以扫天下。

美国总统林肯先生，出身贫寒，没有完成学业就被迫辍学，当过店员，邮差，做过律师，后成为州长，最后竞选为总统。他对自己每一项工作都认真去做，其实行业没有贵贱，都有它存在的价值，只有干好每一件事，哪怕是小事，你才有做大事的希望。

有一个守卫，做事认真，且有条理，一丝不苟，干了20年让人看不起的守卫工作。他没有抱怨过一句，没有出现一次工作失误。有一次，分行经理召见他说："我想提升你，让你当办事员。薪金也可以多加一点，不知你意下如何？"后来，这位出色的守卫成了出色的办事员，再后来，成了出色的经理。

下面这则故事中的小和尚却没这样做：

有一个小和尚在一座古刹担任撞钟之职，照他的理解，晨昏各撞一次钟，简单重复这样的动作，钟声便是寺院的作息时间，没什么大的意义。半年下来，无聊至极，"做一天和尚撞一天钟"吧。

有一天，方丈宣布调他到后院劈柴挑水，原因是他不能胜任撞钟之职。

小和尚很不服气，我撞的钟难道不准时、不响亮？

老方丈告诉他说：

"你的钟撞得很响，但是钟声空泛、疲软，没什么意义。因为你心中没有'撞钟'这项看似简单的工作所代表的深刻意义。钟声不仅仅是寺里作息的准绳，更为重要的是要唤醒众生。为此，钟声不仅要洪亮，还要圆润、浑厚、深沉、悠远。心中无钟，即是无佛；不虔诚，不敬业，怎能担当神圣的撞钟工作呢？"

工作中,要把每一件小事,都和远大的固定的目标结合起来。当目标完全融入生活时,人生目标的达到就只剩下时间问题了。

 人生感悟

没有河水的水流,江海就会变得干涸;没有平日的磨难,即使成功了也不会长久。因为你没有根基,谁敢说没有地基的大楼不会倒?谁敢说没有十年寒窗就能考上大学?机会只会光顾有缘之人,只有不断地完善自己,提高自己,做好身边的每一件事,你才有和机会约会的可能。因为每个小事可能都是机会对你的考验。

穷人不要自我封闭

"知己知彼,百战不殆。"千万不要因为自己是穷人就自卑,不愿意与社会接触。实际上,在大多数情况下,你人生的转机可能就来源于一条信息。

美国巨富哈默就是一个善于抓住机会改变自己的人生轨迹的人。

他自己原来在俄国经商,但是多年来没有取得任何成绩,反倒是弄得自己到了倾家荡产的地步。

在这种情况下,他回到了美国。这时候,罗斯福还没有当选为美国总统,但是已经有了这个大好的势头。罗斯福为了赢得大选,提出了著名的"新政",这项政策虽然取悦了美国人民,但是大多数人并不看好这项政策的未来,甚至持有怀疑的态度。

哈默向来注意时事政治和社会动向,他从大量的信息中得出了自己的判断,认为罗斯福一定会成为美国的下一届总统,"新政"也一定会大张旗鼓的推行。哈默根据自己的判断得出一个大胆的推理:罗斯福的新政一旦大力推行,就一定会废除美国国会在1920年制定的禁酒令。具有商业眼光的哈默,认为禁酒令的解除,必然会带来美国酒类市场的兴旺发达。这样,他们对酒桶的需要也就会大增。

美国人喜欢的酒主要是啤酒和威士忌,这两类酒都要用一种经过特殊

工艺进行处理的橡木桶来做容器。由于美国于1920年颁布的禁酒令使得美国造酒业不景气,木桶制造业也伴随着几乎销声匿迹了。哈默看准了这种情况,利用他知道苏联有大量的橡木,于是他立即下了决定在纽约码头建立酒桶制造厂。他从苏联运来大量的廉价橡木,立即开始了酒桶的生产。不久,他又在得州建立一家分厂用于生产专门用来盛威士忌的酒桶。

当哈默的酒桶源源不断的生产出来的时候,罗斯福真的当上了美国的总统,并立即大力推行他的新政,其中一项重要措施就是开放禁酒令。这样,美国各家酒厂立即恢复对啤酒和威士忌的生产,来满足美国人们被长期压抑的欲望。就这样,哈默的制桶厂的生意也就源源不断了。

人生感悟

善于吸收信息有助于你早日"脱贫"

穷人别怕学历低

从日常的食品、饮料,到遍布宝岛的2000多家"7——ELEVEN"便利店,以及数十家星巴克咖啡店、家乐福超市,乃至万通银行……统一企业每天都在影响着台湾人的生活;在海峡彼岸,以方便面和冰红茶为代表的统一饮食,也已成为大陆人民生活的一部分。

"我就是希望做出中国人的味道,把好的东西贡献给十几亿同胞享受,"72岁的统一企业总裁高清愿笑着大声说,"两岸要是好好合作,21世纪我们中国人一定最强。"

一望可知,坐在面前的这位台湾企业家是个乐天派。他目光温和有神,爱拉家常,爽朗的笑声无形中拉近了彼此间的距离。有人说高清愿"整日笑嘻嘻,不爱讲大道理",对此他表示同意。但又笑着说道:微笑与幽默也是谈判的利器。

在这位乐观的台湾企业家身上,很难看出任何童年困厄的痕迹:高清愿幼年丧父,13岁就到台南当团仔工,受过的全部正规教育只有小学6年。人到中年时,在逆境中长大的高清愿迎来一生最重大的转折点——由纺织业改行到陌生的食品业中创业,并最终成就了今日的统一食品王国。当被问及成功的心得,高清愿说:"学问好不如做事好,做事好不如做人好。"

 人生感悟

学历与贫富不一定成正比。

穷人也能赚大钱

犹太人曾说过:人一生中,有三种东西不能使用过多,做面包的酵母、盐、犹豫。酵母放多了面包会酸,盐放多了菜会苦,犹豫过多则会丧失赚钱和扬名的机会。因为机遇来得突然,走得迅速,可以说是稍纵即逝。因此,在瞬息万变的形势中,看准了机遇就要牢牢把握,不能有任何的犹豫、任何的迟疑。

年仅36岁的周成建,是一家3000名员工、资产过亿的企业老板,谁能想象得到,这位事业有成的年轻企业家,10多年前,还只是一名普通农民!

周成建出生于浙江温州青田县一个名叫石坑岭的村子里。为了摆脱祖祖辈辈贫穷的命运,他从小就学会了裁缝手艺。1986年,刚满20岁的周成建到温州谋生。他什么脏活、重活都干,火车上三天三夜站过,一天只吃一顿饭熬过。

经过几年含辛茹苦,一分钱一分钱地积蓄了点钱,就进入当地妙果寺服装专业市场,干起了老本行,白天卖服装,夜晚做服装,一天劳动16小时以上。对于周成建来说,让资本扩大的机遇终于在1992年来临。那年,来自福建石狮的风雪衣、夹克衫,像股旋风席卷温州市场,周成建紧跟市场行情制作起这些衣服。

一次,一个东北老板向他订制300件,这对于小作坊来说,无疑是个大数目,由于产品质量不错,客户一个接一个,订货量从300件又增到几千件,一年下来,赚了几百万元。就这样,有了自己的第一笔资金有了几百万,周成建并没感到满足。几年来在市场上摸爬滚打,让他拥有了经商

经验,也培养出敏锐的眼光。那时,温州服装行业大多生产西装,款式大同小异,而国外少数几个休闲服品牌在温州刚刚露面,周成建感到休闲服将有大市场潜力,便用手头的钱成立了制衣厂,正式生产休闲服装,还打出了自己的品牌——美特斯邦威,产品面向工薪阶层,实行薄利多销。

在之后的短短5年间,周成建的资产很快从百万增长至上亿元,这其中有致富窍门。用他自己的话总结,是用了借鸡生蛋、借网捕鱼的虚拟经营方法。

当时建厂之后,周成建能支配的资金很少。作为小型民营企业,从银行贷款很难。万般无奈下,他想到利用外力弥补自己资金的不足。在生产上,他采取定牌生产的策略,先后与广东、江苏等60多家具有一流生产设备、管理规范的国有、合资服装加工厂建立长期合作关系。现在全国有60多家企业为邦威生产年产800万件服装,如果这些企业都由周成建自己投资的话,至少需要3亿元。

在扩大市场份额上,周成建采取了特许连锁经营的策略,即公司将特许权转让给加盟店,而加盟店要使用帮威公司的商标、商号、服务方式等,并向公司交纳一定的特许费。这一办法效果很好,专卖店每年以新增50家的速度发展。现在,已有邦威专卖店500多家,遍布全国各地,年销售额达5亿多元,如果这么多的店都自己投资,则需要1.5～2亿元。

生活中处处都有机会,就看你是否有敏锐的眼光和敏捷的身手去发现它、抓住它。

学校里的每节课,工厂或办公室的每一小时都展现新的机会;每位顾客都是机会;报纸上的每条新闻都是机会;每笔交易都是机会;每次考验你的毅力和荣誉的责任都是千金难买的机会……但是,面对大量的机会,大多数人没有敏锐地发现,而发现了的人中又有大多数人没有把握。这就是发财的人永远只是少数人的一个缘故。像弗里德里克·道格拉斯这样连身体都不是自己所有的奴隶都能成为演说家、编辑和政治家,我们还有什么理由说自己没有遇到好机会呢?

 **人生感悟**

只要有魄力,有见地,懂得抓住机遇,乞丐也能变富翁。

痛定思痛，方能拨云见日

蛮荒时代的原始人，绝不会受住房问题的困扰，但他们的首要问题是如何果腹。其中一位原始人天性柔弱，在打猎时屡次被野兽所伤，为了不因此丧命而冥思苦想，终于发明了陷阱，凭一己之力就捕获了一头野猪。从此，他的地位扶摇直上，最后将以前的头领取而代之。

虽然没有人会为他的智慧颁发奖金，但他却再也不必以生命为代价换取食物，角色转换为领导地位，坐镇督军发号施令，不用事事亲自出行。而那些以前与他并肩作战的原始人，依然为食物终日忙碌，受尽风吹雨淋，随时可能命丧黄泉，还要等待首领论功分发食物，这大约就是穷人在原始时代的真实写照。

从财富积累的过程看，穷人应该是富人的"祖先"。

穷人的终极梦想就是成为富人，而且从未停止过努力，但能改变命运的终究是极少数，大多数穷人依然过着"老婆孩子热炕头"的日子。于是，更多的穷人仍旧清贫，就像金字塔的底部一样，构成社会的大多数。

穷人受穷总是有各种各样的理由，但有一条理由是不能被忘记的，那就是谁也没有理由贫穷。时代给人们提供了过上好日子的良机，可以说这是一个天高任鸟飞的时代，只要你渴望富有，并且为之付出了努力，那么就会成为富人。

由穷人变成富人，是一个质的转变。它不仅仅代表着金钱的多少，更关键的是对穷与富的理解和认识。如果我们说一些人之所以没有致富是他们甘心贫穷，相信马上会人有人站出来反驳这个观点：在这个世界上有谁不愿意富起来呢？而事实恰恰是许多人在不知不觉中，就把自己划入了贫穷的阵营里。

比如在一个葡萄园里，有许多工人为农场主摘葡萄，这里面，有的人懒惰，有的人勤奋。懒人们自然是得过且过，只要还能吃饱，晚上还有睡觉的地方，他们对多摘两筐少摘两筐并不在乎；勤奋的人就不同，他们的目的很明确：多摘葡萄，多挣钱，让自己和家人生活得更好一些。从表面看来，后者的想法很负责任，应当赞扬，可是有一个更重要的问题被他们忽略了：我有没有可能通过奋斗，也拥有一座自己的葡萄园？

如果仅仅把眼光放在如何改变目前的生活上，我们就容易犯了短视的错误，忘记了自己还可以走得更远，获得更多美好的东西。财富、地位、成功和快乐不是只为某些人准备的，穷人和富人之间也没有不可逾越的距离。

1965年，一位韩国学生到剑桥大学主修心理学。在喝下午茶的时候，他常到学校的咖啡厅或茶座听一些成功人士聊天。这些成功人士包括诺贝尔奖获得者、某一些领域的学术权威和一些创造了经济神话的人，这些人幽默风趣，举重若轻，把自己的成功都看得非常自然和顺理成章。

时间长了，他发现，在国内时，他被一些成功人士欺骗了。那些人为了让正在创业的人知难而退，普遍把自己的创业艰辛夸大了，也就是说，他们在用自己的成功经历吓唬那些还没有取得成功的人。

作为心理系的学生，他认为很有必要对韩国成功人士的心态加以研究。1970年，他把《成功并不像你想象的那么难》作为毕业论文，提交给现代经济心理学的创始人威尔·布雷登教授。布雷登教授读后，大为惊喜，他认为这是个新发现，这种现象虽然在东方甚至在世界各地普遍存在，但此前还没有一个人大胆地提出来并加以研究。

后来，这本书果然伴随着韩国的经济起飞了。这本书鼓舞了许多人，因为他们从一个新的角度告诉人们：只要你对某一事业感兴趣，长久地坚持下去就会成功，因为上帝赋予你的时间和智慧能够让你圆满做完一件事情。

在现实中，许多穷人正是被富人的成功吓倒了。一般来说，穷人总是生活在穷人的圈子里，即使能在一些公共场合或者商务酒会中见到富人，也都是远远地仰视。富人们一个个威严尊贵，谈吐不凡，使穷人感受到一种深刻的震撼。他们会以为自己与富人的距离判若云泥，永远也达不到他们那种高度。不超越这种畏惧心理，穷人就无法踏上向上的台阶。

当一个人处于贫穷之中的时候，改变才是出路，为了进步得更快，改变得更彻底，我们首先应该相信贫富本无种，命运由自己创造。

有的人之所以能成为真正的富人，主要是因为他们具备富人的思维方式，不重复自己，不断地开拓新的领域，是他们前进的目标和动力。穷人却往往因为已经熟悉了旧的生存环境和生活方式，就一天天按部就班地走下去，即使收获有限，他们也会误以为还是由于自己不够勤奋所致。于是他们更加努力地改变生活，终其一生，也只有量的积累，而无质的飞跃。

人生感悟

穷人想要改变命运，需要的不是坐享其成的运气，也并非仅仅靠单纯的勤劳。向财富挺进的征程上，首先需要认识自身的缺陷与弱点，痛定思痛，才有可能拨云见日。

安贫不能乐道

安贫乐道在中国传统思想中从来是被当做美德来推崇的。《论语·述而》云："饭疏食，饮水，曲肱而枕之，乐亦在其中矣；不义而富贵，于我如浮云。"南朝·宋·范晔《后汉书·杨彪传》曰："安贫乐道，恬于进趣，三辅诸儒莫不仰慕之。"南宋朱熹《论语集注》又曰："其视不义之富贵，如浮云之无有，漠然无所动于其中也。"这些话都表明了古人安于清贫生涯、安贫乐道的生活态度与襟怀。

从表面上的意思来看，安贫乐道是让人们安于贫困的境地，乐于道德的修养。而实质上，以我们今天的标准来看，安贫乐道只不过是旧时统治者为安抚百姓所进行的一种道德说教，本意无非是对他们掠夺社会财富、压榨人民血汗行为的一种掩盖和粉饰。

安贫乐道所倡导的道德标准就是：读书人要与世无争、苦中作乐；女人要贫贱不能移，嫁鸡随鸡，嫁狗随狗；穷人要安于贫穷，不作非分之想。

鲁迅先生在《安贫乐道法》一文中说道："劝人安贫乐道是古今治国平天下的大经络。"他还举了一个例子来讽刺所谓的"安贫乐道"："说是大热天，阔人还忙于应酬，汗流浃背；穷人却挟了一条破席，铺在路上，脱衣服，浴凉风，其乐无穷，这叫'席卷天下'。这也是一张少见的富有诗趣的药方，不过也有煞风景在后面。快要秋凉了，一早到马路上去走走，看见手捧肚子，口吐黄水的就是那些'席卷天下'的前任活神仙。大约眼前有福，偏不去享的大愚人，世上究竟是不多的，如果贫穷真是这么有趣，现在

的阔人一定首先躺在马路上,而现在的穷人的席子也没有地方铺开来了。"

安贫乐道的思想之所以能在中国长期深得人心,并成为统治阶级安抚民心的工具,是有其深刻的社会原因的:

在中国人看来,人的一生的方方面面都是"命中注定"的,包括贫穷和富有。所谓"人生有命,富贵在天",就是说走什么样的人生道路,都是前世注定的。前世积德行善,就会投胎转世于富贵龙凤之家享福;前世造孽作恶,便让你投胎于贫贱寒素之家受罪。信天由命使得千百年来的中国穷人多安于贫困,不思进取。

中国是长期的小农经济国家,小生产者的保守、狭隘、容易自我满足的思想在平民百姓中总是占主流地位。凡事不往上比,只往下比;不与比自己强的人比,而只与比自己差的人比,这叫做"比上不足、比下有余"、"人家骑马咱骑驴,后头还有步行的",这就是"知足常乐"。

宿命论和知足常乐是滋生穷人安贫乐道思想的土壤。

时至今日,安贫乐道仍是许多人尊崇的一种生活态度,这种尊崇甚至达到了惊人的地步。有些偏僻落后的农村,农民那种衣不足以遮体、食之粗劣饭食的情况,令人惊讶,但当事人却习以为常,一点也不觉得苦,他们认命了,或者说已经麻木了,就是黄连含在口中,也会默默忍受,不喊其苦。

现在劝人们安贫乐道的也不少,现在的"安贫乐道法"也比以前"进步"了不少。什么"穷人精神生活丰富,富人精神空虚、欲壑难填,欲望越多,痛苦也越多",等等。而实际上,至少可以肯定的是,并没有任何统计表明,富人一定或从总体上比穷人"精神空虚"。

其实古人也讲"仓廪实知礼节,衣食足知荣辱"的道理。也就是说,人们只有在拥有一定的物质财富的基础之上,才能具有较高的道德修养和丰富的精神生活。对街头的乞丐还有什么荣辱可谈;一个连电视都看不上的穷人,又怎么谈得上"精神生活丰富"?

 **人生感悟**

如果一个人"安"于"贫",那么他就永远不会有幸福美满的生活;如果一个民族"安"于"贫",那么他就永远不会有进步和发展。

人自救才有出路

　　山西临县湍水头镇龙水头村，是一个地处吕梁山腹地的仅有45户人家、260余口人的小村，交通的不便利、环境的闭塞，村民们似乎早已习以为常了。然而，因为著名经济学家茅于轼在此建立了一个互助扶贫社，村里便有了一个个与贫穷作斗争的故事。

　　这个扶贫社是茅于轼先生联合了自己几十位亲朋好友出资，把钱借给或贷给龙水头村的村民使用，使用的方式：一种是用于农民们搞生产性投资，比如购买化肥、农药、种子、农机等，这部分属于贷款，需用支付一点利息；另一种是用于孩子上学、看病花费，这部分钱是属于借款，不用支付利息。

　　从龙水头村互助扶贫社的基本运行情况可以了解到：自1993年9月10日茅于轼先生向扶贫社的第一笔500元出资起，已发展到现有滚动资金11万元。

　　互助扶贫社最初启动时实行的是分户流水账，现在使用的记账方式是在茅老的建议下建立的一套三本账，包括流水基本账、利息总账、基本总账。下一步山西省人民银行会为他们制定一套更加利科学、规范的记账方式。此外，每季度扶贫社都要向茅老及出资人提交基金的运行报告，同时要向村民张榜公布基金的使用情况。

　　村民薛春喜是亲身体验到扶贫社"扶贫解困、雪中送炭"好处的人之一。他因患结肠炎，治病和孩子读书用钱欠了许多债，扶贫社不仅借给他钱看病，还贷给他钱买三轮车。现在，薛春喜治好了病，买了三轮车跑起了运输，日子一天比一天好起来。

　　曹二平家现在在村里算是数得上的殷实人家，刚花了两万多元给儿子娶了媳妇，新房内的家具摆设、家电，已与城里人相差无几。曹二平家是龙水头村向扶贫社注资的四户村民之一，一年内曾两次注资4000元。曹二平老伴说："我家手头宽裕了，帮助村里人也是积德行善啊。"

　　这几年，龙水头村也发生了可喜的变化：原先村里的土窑洞已被砖砌的窑洞所代替，村民集资修起了一座平房式的新校舍，全村45户，一半有了摩托车。1996年茅老来的时候，村里只有一台黑白电视机，而现在村里彩电已基本普及，还有VCD机、卫星天线接收机等高档家电。过去的龙水头村是远近闻名的"赌博村"，近几年，村民自筹资金买了锣鼓，在每年正月里还扭秧歌。

茅于轼先生说："扶贫工作要从输血变成造血，调动老百姓的生产积极性，扶贫款应该用在老百姓最紧迫的一些开支上。"

贫穷问题最难解决的一个方面，就是贫困者和扶贫者对贫穷有着不同的理解。许多穷人认为自己孤苦无助，需要外援。政策制定者、执行者和学者，倾向于把穷人视为被动接受者与援助对象。该问题的两面性导致施予者与接受者之间永远存在着依赖与被依赖的关系，存在着僵硬、古板的等级概念。

幸运的是，在龙水头村，人们改变了以往对贫穷的理解，村民们意识到团体的力量，也意识到自身的资源。他们把自己看成把握命运、改变贫穷面貌的主导因素，而不再被动地接受施舍。

社会应该对穷人进行救助，但是如果救助穷人仅仅停留在消极的经济救助上，那不会真正有效地解决或缩小贫困群体。供血机制与造血机制永远不可能同日而语。救助穷人，包括我们现在搞的扶贫，必须重视的应该是造血机制而不是供血机制。而建立造血机制必须重视的就是造成贫困的主要原因是什么？

造成贫困的原因可能很多。但一个主要原因就是知识的差距。的的确确，尽管灾害、自然条件都可能造成贫困群体，但是大部分的贫困是由于知识缺乏造成的。穷人和富人之间的知识差距是形成贫富差距的主要原因，另外社会的机构体制和经济政策也与贫富差别有密切的关系。但归根结底，机构体制与经济政策仍然是一个"知识"的问题，人们关于"制度"的知识的积累对人们建立机构、制定政策以及进行制度创新起到了制约作用。

因此，救助穷人不能够仅以实物转移支付之类的供血机制为主导，更重要的还应该是缩小他们与富人知识差距的造血机制。教育是帮助穷人接受知识的关键，因此对贫困学童的救助是十分重要的，是从源头上解决贫穷的措施之一。

团结就是力量，穷人们团结起来一样能够产生力量，龙水头村的扶贫互助社就是穷人团结起来而组成的穷人自己的自助组织，贫穷命运被他们依靠团结的力量改变了。穷人意识到团结就是力量，作为一个集体，他们不仅能改善自己的处境，而且能够帮助其他穷人改变处境。

**人生感悟**

古人早就说过"自助者，天助也"这样的道理，只可惜许多穷人并不真正理解这个道理。

富人是穷人的商机

何谓商机？

现任美国著名化工企业永备公司台湾分公司总经理的许川海先生在《引爆商机》一书中有着精深的论述。许先生认为"机会乃是供与需的交会"，即是一方有所欲，另一方有所能，而借某时空，供需双方得以交会，各取所需，达到交易。

许先生在书中特别强调"需求是商机的根本"，"没有需求就没有商机"。他举了一个浅显易懂的例子来说明：肚子饿了，就得用餐，所以每个办公大楼门口的周围，就布满了卖面点或自助餐的餐馆；而为了便于人们的应酬，又在附近出现了较高价位与较高服务层次的餐馆。有人工作繁忙，或长时间开会，没有时间出外用餐，于是就有人从事外卖或送餐上门的服务。这就是商机的一个具体表现。

一个人或少数人的需求，无所谓商机，必须是多数人有相同的需求，才能成为"市"，当做市场的需求，成为真正的商机。做生意就是向人们提供产品或服务，以满足多数人的需求，换取较高额的酬劳。

穷人为什么贫穷？其中原因之一可能就是因为他没有寻找到市场存在的机会。商机是隐藏的、稍纵即逝的，穷人到哪里去寻找商机呢？

其实，如果把目标对准富人、富人的孩子和富人的家庭，不失为一个非常明智的选择。不可否认，富人是市场上一个庞大的消费群体，那么为

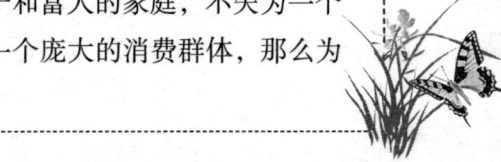

富人提供服务的人常常自己也能富裕起来。

市场经济有一个显著的特点，就是穷人是跟着富人走的，或者说是跟着"钱"走的。钱到哪儿穷人就到哪儿。比方说，深圳建立特区，则全国的钱纷纷流往深圳，外资也纷纷流往深圳，中国的穷人也纷纷流往深圳。

许多人拼命地在市场上奔波，却从来没有高收入。其中一个重要的原因就是他们的客户或顾客没有多少钱，甚至根本没有钱。穷人要赚穷人的钱，如同缘木求鱼一般，这是多么荒唐和可笑的事情。

也许有人会说：富人常常也是很节俭和挑剔的。为什么要把目标瞄准这些捂紧钱袋的人呢？为什么要看好这些对商品和服务十分挑剔和敏感的人呢？富人，特别是那些靠勤劳积累起财富的富人，对许多商品和服务的消费是节俭的，对其价格也是斤斤计较的。但是，富人不是在所有场合都节俭。他们在购买保险、住房、汽车、股票、医疗服务等方面的产品和服务时，就未必节俭；富人的子女、孙子女购买各种产品和服务时，也未必节俭；富人的子女、孙子女花费他们的父母、祖父母送给的大量赠款时更未必节俭了。

因此，把目标瞄准富人，想赚富人钱的穷人，需要研究富人们的心态，了解他们所想所需，做到知己知彼，这样才能赚到他们口袋中的钱。

人生感悟

富人花钱，穷人挣钱。这是一个任何社会、任何年代都适用的法则。

穷人别把富人当作"救世主"

2001年4月，深圳打工妹邓美英为救身患尿毒症的姐姐邓雪妹，向媒体宣称："谁肯救我姐，我情愿嫁他！"

2001年7月，深圳打工妹梁燕燕对媒体说："只要有人能帮我姐姐治病，无论是什么样的人我都愿嫁！"她的姐姐患急性非淋巴性白血病。

2002年5月，深圳打工妹黄仕娥向媒体求助："无论是谁，只要治好我姐的病，我就嫁给他。"她的姐姐患精神病5年。

近一两年来，这类"典己救亲人"的事件颇多。有的人认为这是一种宁愿牺牲自己，而救助亲人的人间真情的流露；也有的人认为，这种以牺牲自己婚姻和幸福的方式来救助亲人的行为，是在拿婚姻和爱情开玩笑；还有的人认为，这种行为和旧时的卖身一样，都是对自己人格尊严的一种自我践踏，不符合道德规范。至于这种行为是真情的流露，还是自我践踏，在此我们不想妄加评论。在此，我们只想探讨这种行为是不是解决问题的最佳途径，富人能不能成为"典己"的穷人的救世主。

身处困境甚至绝境的人需要救助，难道一个妙龄少女非要拿自己的终身幸福作赌注，救助的大门才肯对走投无路者开启吗？其实社会慈善机构、民政部门完全可以成为拉着他们走出困境的"救命稻草"。广州打工妹李坤患怪病"横纹肌肉瘤"危及生命，昂贵的医疗费压得人快撑不住了。她的妹妹李旭得知在广州区域内的人都可以申请"广州市社会急救医疗专项资金"，她有了一丝希望。同时，医院领导也同意把李坤的住院费用减少到最少。

事实上，上述中"典己救亲人"的事件经媒体广泛披露后，在社会上引起强烈反响，三姐妹的亲人也是在众多好心人纷纷捐款、医院减免治疗费用、社保局垫付医疗保险金的情况下渡过难关的。没有一个人是由于嫁了一个富人而救助了自己的亲人。

通过三姐妹"典己救亲人"的事件，我们可以看出求助于社会，比牺牲自己而求助于富人更有效，富人不是穷人的救世主。

如果一个穷人把富人作为他的救世主，付出的代价将是极其巨大的。

穷人家的姑娘阿芳生得美丽漂亮，为了爷爷奶奶能够看得起病，弟弟妹妹能够上得起学，她狠心到城里的一家夜总会作了"三陪女"。她用自己的身体从来寻欢作乐的富人身上赚了一些钱，她将这些钱寄回家中，家里的日子一点一点地好过了起来。她却染上了严重的性病，只好从风月场中退出回到了家乡，而她却遭到了家人和乡亲们的鄙视。家里虽然暂时渡过了难关，但她却失去了青春、健康和做人的尊严。

在现实生活中，即便有个别富人扮演起穷人救世主的角色，那也是靠不住的。

农村姑娘阿青家境贫寒，一心想嫁个富人改变自己的命运。终于她如愿以偿，嫁给了一个比她大近20岁的私营企业主，可是半年后私营企业主的企业由于经营不善破产了。阿青姑娘希望能仰仗"救世主"来改变命运的美梦也破灭了。

女大学毕业生杨艳在囊中空空、工作仍无着落的境况下，一个雍容华贵的老妇人塞给她一张字条："聘大学毕业、容貌端庄漂亮的处女生儿子，酬金15万元，可以公证，绝不食言!有意者请按规定时间打电话联系。"杨艳未能挡住15万元的诱惑，想通过这件事为自己挣来一笔创业资金，她横下心，拨通了电话……杨艳怀孕了。但在她怀孕7个月的时候，老妇人找到她说要撕毁要约，原来是她与自己的丈夫感情发生了瓜葛，正准备离婚。杨艳一下子惊呆了，但最终她还是屈从了。富人没有"救"了她，反而害了她。

当然，我们无意否认这个世界上确有不少的富人充满着爱心，热心公益，乐善好施。但是，这仍然无法构成富人作为穷人救世主的理由。有爱心的富人再多，也没有处于困境中的穷人多，所以有爱心的富人根本不会有力量，也没有义务解救处于困境中的穷人。更何况我们也无法保证富人就真的不会为富不仁。

 **人生感悟**

<u>就像这个世界上强国不可能是弱国的救世主一样，富人也不是穷人的救世主。</u>

聪明的穷人总有出头之日

穷人没有资本，但从来都不缺聪明的头脑。在中国，曾有这样的顺口溜："教书不如喂猪"、"搞原子弹不如卖盐茶蛋"，意思是说，中国的知识分子经济收入很低，是地地道道的穷人。不过，他们是聪明的穷人。

进入20世纪90年代后，这种说法渐渐没有了市场。不光是知识分子，所有穷人中的聪明者，一茬茬地利用自己灵活的思维，抓住一个又一个机遇，成为资本的主人。

聪明的穷人抓住机遇的途径主要有搞发明创造或改进，当然，更多聪明的穷人是搞经营起家的。我们还是先来看看知识分子是如何靠发明创造获得机遇的。

今日之中国，在成千上万台计算机内，没有一台不装有汉字输入系统"五笔字型"，大江南北、长城内外，成千上万的人都在学习"五笔字型"汉字输入法。被称为"不亚于中国四大发明之一活字印刷术"的"五笔字型"是由著名的汉字输入技术专家王永民教授首创的。这位为古老的汉字与电脑架起桥梁，为中华民族创立了适应信息时代汉字的第二种书写方式的技术专家，如今是北京王码电脑总公司的总裁，成为一位杰出的技术商人、管理专家。

汉字是中华民族优秀文化的象征，以象形为特征的汉字方块字，其神韵无穷、魅力无限，是民族文化的根和命。然而，在新科技革命的浪潮冲击下，尤其是以电子计算机迅速发展和广泛普及为标志的信息时代来临，以26个拼音字母为单元的西文在计算机信息输入领域中得天独厚，如鱼得水。而中华民族古老的汉字由于复杂、多变，在计算机面前显得无力和苍老。因此，当时国际上曾有一种舆论认为："不废除汉字，中国将与计算机无缘，将与信息时代无缘。"

王永民这位学识渊博、才华横溢、思维敏捷、昔日著名的中国科技大学的高材生，在一种历史使命感促动下，决心要攻克"汉字输入计算机"这一世界级技术难题。

我们首先要说明的是，任何一种发明创造，都有其历史机遇在起着"催生婆"的作用。汉字如何输入计算机的难题，就是这样一位"催生婆"，它催生了王永民和他的五笔字型输入法。但是，假如没有王永民。也会有"李永民"、"刘永民"冒出来完成这项历史使命。

王永民一开始就从基础理论入手，从甲骨文起，对汉字作了系统的、创造性的统计和分析。透过形态各异、构型各样的汉字方块字，王永民从一横一竖、一撇一点一折中，找到了汉字字根的规律性。

王永民首创的"汉字字根周期表"为"五笔字型"计算机汉字输入技术的诞生奠定了基石，为古老的华夏文化成功地进入信息时代作出了杰出的贡献。

财富——不做金钱的奴隶

技术发明是重要的，但更重要的是要把技术成果转化为直接的、现实的生产力。王永民认为："一项发明好与不好，能否造福于社会，'证书'并不重要，'证书'至多是一朵花，有花未必会有果。"1989年，王永民"下海经商"，在被称为中国的"硅谷"的北京新技术产业开发试验区创办了"靠本事吃饭，靠技术发展，靠贡献生存"的集团化、国际化的高科技公司——北京王码电脑总公司。

知识就是财富。技术商人、知识商人、文化商人就应该是财富的主人。事实正是如此，王永民的技术发明和知识创新，使他财源滚滚，他享有著作权的4本《五笔字型》教材，每年每本可创利润高达上百万元。以王永民为总裁的王码电脑总公司，不仅致力于"五笔字型"的推广普及工作，而且致力于新技术的不断开发，如提高中国办公自动化水平，他们开发了"王码480桌面办公系统"，还开发了"王码全文信息检索单机和网络系统"、"王码900家用电脑"，"王码SW——4802新一代中英文打字机"以及"王码电脑通讯——体化技术"。

王永民抓住了历史机遇，凭借自己聪明的头脑发明了五笔字型输入法，完成了对机遇资本的创造和升华。

机遇的发现与创造，固然可以一本万利。但是更多的机遇是在对前人的创造进行改进的过程中产生的。

现代玩具之父、美国人瓦列梅克，创业初期手里只不过有1000美元，可以说是一个真正的穷人。凭着他对玩具进行革命式的改进，他成为了富翁。

那时候的玩具主要是木偶，硬邦邦的没有一丝生气，放在桌上欣赏一下倒还可以，要是让孩子们拿着玩，就很快令人乏味了。瓦列梅克心想，为什么不让这些木偶的手臂活动起来呢？他想了很久，却没有什么办法。

有一天，他在马路上候车，等得很是无聊。便观察马路来往的车辆，看看它们是怎样行走的？于是他特别留心车辆的滚动情形。他看到车上的轮子，用两条轴承穿着，装在车厢底下，只要轴承装得牢固，轮子滚动时候便不会发生障碍了。他突然灵机一动，不由自主地将两支手臂向前伸直，不断地转动着，转了好一会儿，便满面笑容地叫道："我想到了！我想到了！"

他一路发狂地奔回家里，连衣服也来不及脱，就拿出一把小锯子和一个长柄的手钻，随手把桌上的一个木偶拿起，将它的两条手臂锯下。在锯口当中钻了一个小孔。再插进一根小圆铁条,把那两条锯下来的手臂装在小圆铁条上。轻轻转动木偶左手。它的右手也跟着转动了。他把这个"改造"过的木偶拿去给自己的儿女们看,逗得小孩子们嘻嘻哈哈高声大笑。瓦烈梅克马上把这个木偶的样子发给一个木匠去做,先行试做1000个。

　　他把这些做好的木偶拿回来由自己涂色,把色彩配置得非常鲜艳悦目。这1000个试验品拿到百货公司推销时,大受欢迎,不到3天,便把这1000个转臂木偶卖光了。而且还接到了12万个转臂木偶的定货单。

　　瓦烈梅克并不以这样的成就为满足。他认为这是个初步的小小的成功,只是行万里路的第一步,所以再继续努力研究。他再根据转臂木偶的原理,创造了活腿木偶。这种四肢活动的木偶打击了不少木偶制造工厂,使他们自叹不如。瓦烈梅克在自己开设了一家拥有370个工人的工厂之后,越发小心翼翼地去研究。他不仅研究如何把木偶做得更好?还研究如何把木偶的成本尽量减低?如何使木偶更能引起顾客们的喜爱?

　　有一天,他忽然异想天开地想到,如果这个四肢活动的木偶,能够像真人一样在地上行走,这一定更受孩子们的欢迎的。但是怎样才能使这个木偶自动地走路呢?

　　他把这个新概念记录下来,四处去询问别人,想从别人那儿获得一些宝贵的意见。可这种新概念并未引起他的朋友的兴趣。他们带笑地听取他的意见,也似笑非笑地嘲弄着他:"亲爱的瓦烈梅克,假如你能够制造出一个自动走路的木偶的话,我相信天上的太阳会因此而改变轨道,由西方升起,向东方降落了!"

　　瓦烈梅克没有因此而放弃。终于,他还是从车轮行走的原理中找到了自己想要的答案。他首先想到只要有一根曲轴穿着前面的两个轮子,再用一条直轴引着这根曲轴,则这根直轴由车轮牵动时,那根曲轴便同时被牵动,这样轮子便会转动了。如果把轮子拆去,装上木偶的手和脚,他不是可以自动走了吗?

　　他很快把这个新发现写下来,并且附图说明,马上发送到工场去,调用了4个老技工来从事这个新的试验。半个月以后,第一个自动行走的木偶制造出来了。使得整个木偶制造厂的工人都欢天喜地的围拢在一起,观看这个新奇的出品,他们啧啧称奇,认为这是玩具业里的一种新创造。

青春励志

财富——不做金钱的奴隶

瓦烈梅克再根据这个原理，把自动木偶的一些小毛病改正了。抽调了一半工人来试行这项生产。并且要那4个老技工，试行制造一个四五尺高的自动木偶，用来放在一家大百货公司的大堂里面，以广告招徕。这批自动木偶推出来发售了。第一天光是纽约一地便售出了17万个！瓦烈梅克凭借对前人的发明创造进行改进获得了机遇资本的垂青，成为一方富豪。

相对于王永民、瓦烈梅克靠发明和改进，用知识创造财富的经历，更多聪明的穷人是通过发现的机遇搞经营活动出人头地的。

因为，机遇从来都不会挑剔发现者身份的高低贵贱。

在长沙市街头，你无意中就可以看到，一群以往蓬头垢面的捡荒者的人现在穿着统一制作的卡其布工作服，背上印有"服务市民情系万家——废品收集"的广告字样，胸前挂着工作卡，成为了点缀城市的一道亮丽的风景。

"垃圾大王"王旭在编织着自己的梦想。如今，他已是长沙市环卫废弃物品收集处理有限公司董事长兼总经理，公司下设铝合金加工厂、铝合业有限公司、环保塑化炼油厂、环保橡胶制粉厂、环保医疗垃圾5个厂，手下集合了1700多人的拾荒队伍，拥有30台卡车、500部三轮车。在城郊的垃圾场，堆积如山的垃圾施之以通过整理、分类，进入各个加工环节，不能进行二次加工利用的垃圾，则根据分类运送到寻找到的末端购买者。整个过程，就是一条流水线作业，井然有序，科学而规范。

算起来，今年37岁的王旭跟垃圾打交道已有20年，从事这个行业，本身就是一件吃苦头的事情，虽然有利可图，但并不是人人都愿意干。一个拾荒者，哪怕只收一个品种。如橡胶、塑料、金属等，一年下来的收入不会低于1万元。但这是一个脏活、累活，哪怕垃圾堆里有金子，许多人也不屑一顾。因此，想在这一行有建树，不是一简单的事情。王旭最初不得不靠捡拾垃圾维持生计实属无奈之举？但自从半年后靠捡垃圾有了第一笔1000元积蓄后，他就敏锐地发现了其中的发财机会，并将自己的事业建立在垃圾堆上。

捡了不到一年的垃圾后，有心的王旭想到了众多拾荒者都不曾想到的一个问题：花钱收集起来的这么多垃圾到底有什么用？从收购者那里一打听，王旭就发现了其中的门道：这些垃圾中的塑料运到河北文安，铁皮罐、骨头运到天津蓟县，玻璃运到邯郸，纸运到保定，有色金属运到霸县，胶皮鞋底运到定州……灵感来了，王旭想方设法搞到了上述厂家的电话，很快他避开二道贩子，自己成了垃圾头。

捡垃圾不到一年，王旭就干了人们都没想到的事情，捡了许多年垃圾的长者不无感慨地说，王旭有这样的心思，迟早会脱颖而出。事实也正如此，成了垃圾头的王旭，逐渐将捡垃圾的人组织起来，每50人为一个"舵"，分门别类成立小组，凭着一干人马的苦干，他有了自己的废品回收站。废纸、废铁铝罐、玻璃瓶、塑胶器皿、废旧金属等，几乎所有的废弃物品他都收购，再经过整理、分类、打包、运送等全部过程，找到末端购买者直销厂家。这样，收入由原来每月的几百元增至几千元。

熟悉垃圾以后，王旭渐渐发现资源回收这个行业有无穷无尽的潜力，所有的垃圾在他眼中全是宝。收购的废品中，有一部分被当作废铁卖的旧自行车，王旭就动起脑子搞起了自行车翻新的业务，这样获利更多。以后，他又搞起了废旧轮胎翻新的业务。到1986年，他索性在长沙市郊河西厂后街租下了10多间房子，对收购来的可利用物资进行第二次加工，然后在市场上出售，生意十分兴隆。从单纯的收废品到废品加工再利用，王旭在收废品的同时，又走上了一条新路。

1990年，王旭根据市场金属铝热销的行情，果断地投资，成立于振欣铝业有限公司，利用废旧金属提炼铝。上马之初，有眼光的王旭抛弃了一般手工作坊炼铝的方式，购回正规设备，花3个月时间，亲自去辽宁本溪学会了一套过硬的技术，当时市场上的铝能卖到1万元/吨，有了先进的技术作保障，王旭无疑抢占了市场的先机。以后，他又根据已成熟的经验。相继投资了废旧轮胎翻新厂和铝合金加工厂，到1995年时，32岁的王旭已经拥有了自己的3个工厂，资产达数百万元。

谁都想抓住改善命运的机会，只是许多人做不到。正是许多人做不到的，王旭却做到了。跟废旧垃圾打交道的时间越长，王旭对这一行也就关注得越多。

从垃圾中尝到甜头的王旭一直认为，垃圾是放错了地方的宝贵资源。长沙市年产垃圾70万吨，如果堆在一起，相当于四分之一座岳麓山。每年得占用20亩土地来填埋垃圾，这是一笔巨大的资源浪费。

以废塑料为例，长沙年产废塑料3万吨，目前主要采取填埋方法处理，而被埋的废塑料200年都不会腐烂，会产生碳纤化合物气体，极易燃烧和发生爆炸。于是，王旭想到了用废塑料炼油的项目，如果这个项目成功了，不但可以使自己的事业更上一个台阶，还是一件利国利民、造福人类的好事。

　　1996年，王旭开始了个人项目的调查和论证，整个项目成功的关键在于技术，为此，王旭花了近2年的时间进行市场考察和机器设备的引进。除了在国内了解此项技术外，他先后去了日本、德国、新加坡、马来西亚等地，考察他们治理垃圾的先进经验，最后，他选择了从日本引进先进经验及先进的技术设备。

　　经过1年的技术论证，1999年6月，投资1300多万元的环保塑化炼油厂在长沙市芙蓉区东岸乡西垅村正式成立，项目得到了湖南省省长、长沙市市长的亲自批示。从废塑料加催化剂进口，经过500度高温熔化来回循环、冷却、澄清，到分类出柴油、汽油，整个现代化炼油的工艺流科学合理，杜绝了第二次污染。经过处理，每吨废塑料的出油率可达75%，每吨油的利润在1000元左右。项目投产后，生产的合格产品已源源不断地进入市场，供不应求，王旭的经营取得了辉煌的业绩。

人生感悟

　　从捡拾垃圾做到环保产业，王旭将不是机会的机会紧紧地攥在了手里。这样的机会诚如王旭所言，许多人根本不屑一顾，不过这没关系，只要有像王旭这样的人注意到就够了。所以说，聪明的穷人总有出头之日。

第四篇

找到财富的魔杖

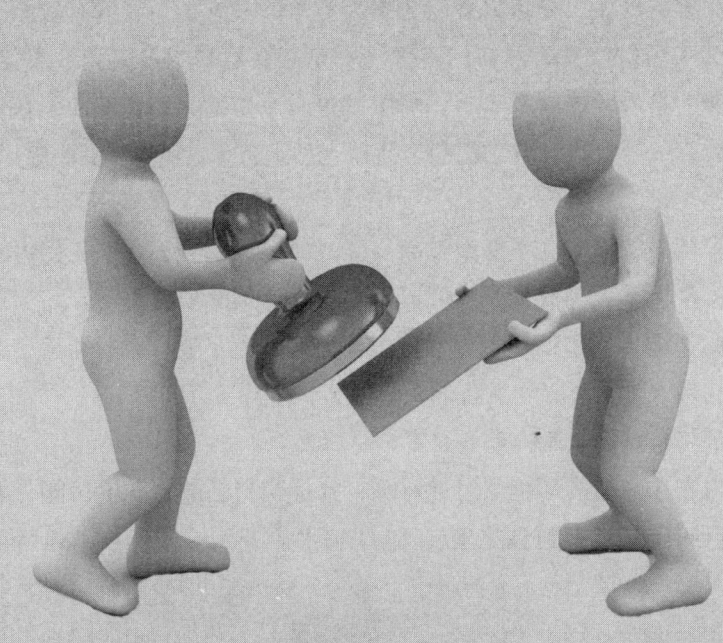

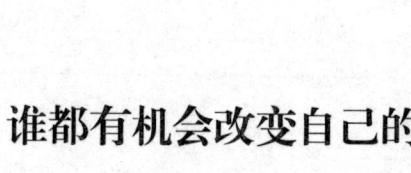

谁都有机会改变自己的命运

斯蒂芬·威廉·霍金说:"我注意过,即便是那些声称一切都是命中注定的而且我们无力改变的人,在过马路之前都会左右看。"霍金是个幽默的人,他是想告诉人们,不要太迷信"命中注定"。

有的人含着金钥匙出生,从小就生活在富裕的家庭环境之中。大多数人没有那么幸运,甚至很多人挣扎在贫穷的边缘。但是这并不意味着出生在富裕人家的孩子就能创造财富,而出生在贫穷之家的孩子注定是穷人,现实并非如此,谁都有去改变自己命运的机会。

有的父母在孩子一出生的时候就为孩子铺好了路,希望孩子成为医生或者律师。很多孩子接受这样的安排,因为这意味着安全和稳定,同时也要付出一定的代价,那就是自己的兴趣。虽然在家庭环境、个人资质上每个人都会有所区别,但是这并不能决定一个人未来的命运。不要如此轻易就接受别人的安排,而要努力去寻找真正属于自己的兴趣,要通过自己真正感兴趣的事获得成功,必须经过生活的磨砺和战斗的洗礼。这就像一头狼崽要成为头狼的经历。

头狼的产生,是依靠残酷的暴力竞争。没有力与智的有效结合,是无法成为头狼的。作为群体的首领,不允许有丝毫决策失误,头狼的失误,便意味着群狼攻击。事实上,群狼就是一个狼的家庭,通常包括一对成年狼和它们的后代。有时它们的亲族也会加入进来,随着一窝小狼崽的出生,狼群逐年扩大。

狼族中的老者会不断地教导与提醒年轻的幼狼,给予它们机会去经历失败,从中学习与成长,直到成为领导者。整个狼族的捕猎、游戏和互助行为,都增强了小狼的生存能力。从幼狼与成年狼嬉戏的经验里,幼狼学习到它们未来可能必须具备的领导能力,并且了解到整个狼群的未来发展,这些都将是它们生命的重要职责。

当它在残酷的环境下经过冒险,并证明自己的真实生存能力之后,就会离开狼群变成"孤独之狼"。这些狼最后开始寻找伴侣,开始经营它们自己的族群，因为这时它们相信自己已经具有一定的实力了。同时也成为这个族群的头狼。

所以说，要成为头狼，要建立真正感兴趣的事业，首先得经历很多磨难，并在磨难中充实自己的实力，这样才有资格做头狼。要建立真正感兴趣的事业，除了具备良好的水准、素质和心态，还得面对激烈竞争并在竞争中取胜。

当我们决心建立自己的事业，就会发现未来会有很多的危险和艰难。竞争存在于各个环节和各种不同的境况之中。所有有生命的东西都免不了在竞争的压力下生活。然而只有找到自己真正感兴趣的事情，坚定不移地去实现自己的梦想，才能在环境中争得一席之地。

耶鲁大学是美国乃至全世界最有名的一所私立大学。耶鲁大学有着令人骄傲的历史。布什总统、老布什总统、克林顿总统都是耶鲁大学毕业的。耶鲁的办学理念只有一句话：培养未来世界的领导者。

耶鲁大学最有影响的是本科教育，他们的教育思想是要把每一个学生培养成为未来的领袖，所以从入学的时候校长要找学生一个一个面谈，看他的本质、潜质里面像不像耶鲁学生，看他能不能成为领袖人才，每年都这样筛选。耶鲁的学习压力很大，到了考试之前每天都不能睡觉，或者只睡一两个小时。但是实际上，耶鲁并不像我们考试一样要有多少分、及格线是多少。这是我们难以想象的，就是要你自己对自己进行评价，你觉得自己不行就退学。

学校里没有要求说考到多少分就把你开除，但是学生都非常努力，那种烈的进取心令人吃惊。学生进来以后有相当多的机会自主地发展、全面地发展，所有的教授都要给本科生上课，教课期间完全是讨论。耶鲁的正教授招聘条件有这么一句话：此人能够在本领域与世界该方面的领袖进行竞争。

耶鲁大学的学生都体现出一种充分的自信、自强和挑战精神。虽然每一个人的成长环境各不相同，但是他们有一个共同点：他们相信自己的努力可以让自己成为领袖。所以要成为一个头狼式的富人，就要敢于面对竞争，苦练内功，敢于竞争，善于竞争，在磨炼中成长壮大。

命中没有注定你一定干什么，只是给了每个人不一样的舞台。在这个舞台上各种道具在影响着你未来的道路，但是不要忘记，主动权永远掌握在自己手中。要想建立自己的事业，必须经过生活的磨砺和战斗的洗礼。

人生感悟

命中没有注定你一定干什么，只是给了每个人不一样的舞台。然而要找到适合自己的角色并不简单，必须付出十倍的努力。不要害怕建立事业道路上的困难，他们是你成功的垫脚石。

思考能打开财富之门

孟子说："劳心者治人，劳力者治于人。"一个善于思考的人注定是一个富人。思考，对富人来说，是一种习惯，是一种乐趣，更是一种财富。反观穷人，干体力活不用操心，当然是比较痛快，但是，财富也就在头脑的休眠中渐渐溜走了。

一、思考是开启财富之门的金钥匙

"能洗地瓜的洗衣机"为海尔带来了巨大的利润，海尔源源不绝的财富就在于海尔老总张瑞敏的勤于思考。看似离谱的事情，却由于他的思考化成了商机。

1996年，一位四川农民投诉海尔洗衣机排水管老是被堵。服务人员上门维修时发现，这位农民居然用洗衣机洗地瓜。泥土大，当然容易堵塞！但服务人员并没有推卸责任，依然帮顾客加粗了排水管。农民感激之余，说："如果能有洗地瓜的洗衣机就好了。"

后来，当技术人员把这件事当笑话讲了出来。但是，张瑞敏听了之后却陷入了深深的思考。经过反复考虑，张瑞敏觉得这是个商机，能洗地瓜的洗衣机肯定会有市场。于是，张瑞敏对科研人员说，满足用户需求，是产品开发的出发点与目的。

技术人员对开发能洗地瓜的洗衣机想不通，因为按"常理"论，客户这一要求太离谱乃至荒诞了！但张瑞敏说："这样肯定能开发创造出一个全新的市场。"终于,"能洗地瓜的洗衣机"在海尔诞生了!它不仅具有一般双桶洗衣机的全部功能,还可以洗地瓜、水果!这种类型的洗衣机一上市就给海尔公司带来了丰厚利润。

海尔人就是凭借着勤于思考、爱动脑筋的品质,成功把企业做到了世界500强。张瑞敏也成为一个不折不扣的富人。他的富裕不仅在于他的财富,还在于他有一个勤于思考的大脑。

有一对夫妻很有生意头脑,做什么赚什么,他们凭的也是爱思考的习惯。

他们小区有一所店铺一直没有人租,因为地理位置偏僻,干什么都赔钱,所以房租很便宜。他们把它租了下来,女主人在那里开了个美容院,结果生意非常火。因为小区里住的都是阔太太,走不了几步就能美容,她们怎么会不来呢?

干什么都赔的店铺,因为他们的思考,变成了聚宝盆。

二、思考——让命运转个弯

善于思考的人终究会走上致富之路。因为思考是获得财富的开始,而体力只能用一时。

从前,美国有两个朋友乔和约翰,他们找到了一份送水的活儿,每天从很远的地方提水送到顾客家中,可以得到十美分的收入。对他们来说,十美分是一笔很大的收入了。

但是,有一天,乔对约翰说:"约翰,难道我们就这样过一辈子吗?依靠出卖自己的体力劳动过一辈子?"约翰说:"我觉得这样挺好的呀,你看照这样下去,用不了多久我就会买双新马靴,再过些日子我就可以拥有自己的马车了!你到哪里再去找这样一份工作啊?"

可是乔摇摇头说:"这不是长远之计啊!有一天等我们做不动了该怎么办呢?我想去挖管道,你看,如果挖了管道的话,那些水就会自己流到那些居民家里,我们只要收些管道使用费就可以了!你愿意和我一起干吗?"

约翰说:"你疯了!竟然有这样异想天开的想法,你要做梦就去自己做吧,我还是踏踏实实地挣钱吧。"乔仔细地想了想,发现挖管道有着巨大的市场价值和潜力,他义无反顾地辞了职。几个月后,乔的管道挖好了,他再也不用辛辛苦苦地送水了,水时时刻刻都在流。他睡觉时,水在流,

他吃饭时,水在流,财富源源不断地流进了他的腰包里。不善思考的约翰就没有这么幸运了,后来乔的管道延伸到了他送水的地区,他再也没有工作做了。

是贫穷还是富有,就在他们考虑自己将来的那一瞬间悄悄定了型。

 **人生感悟**

思考,应该是通过观察后的领悟和总结。富人也正是通过思考,可以得出自己最佳的判断,从而改变自己的命运。

自古英雄出少年

每个年轻人都想拥有财富,想出人头地,想获取财富,想获得社会地位,想得到别人的尊重。为什么只有极少数年轻人实现了自己的理想?因为成功的这一部分年轻人的欲望比一般人强烈,而且善加利用自己的欲望。萎靡不振的年轻人一般很少考虑做自己的事,即使想去赚钱,也很难成功。

2005年《福布斯》中国富豪榜排名第5位和第6位的是刘永行、刘永好兄弟,刘永行的个人资产为93.96亿元人民币,刘永好的个人资产为90.96亿元人民币。刘氏兄弟在最初创业时个个都不缺乏野心和雄心。刘永言、刘永行、刘永美、刘永好本来都在国家企事业单位上班,都有一份好工作,他们没有像大多数人那样安于现状,而是去寻找属于年轻人的更大舞台。

1982年,刘氏四兄弟为改革的美好前景所感召,先后辞去各自的公职,卖掉手表、自行车等家产,筹集1000元到他们曾下乡当知青的新津县顺江乡农村创业。他们从孵小鸡、养鹌鹑开始做起。刘氏兄弟的第一桶金是孵小鸡所得10000元,时间是2个月,这是个短平快的项目,投入小收获大。随后他们根据实际情况及时扩展赚钱项目,一直发展到搞饲料、搞电子、房地产、金融和资本运作,多元经营,多管齐下,终于成千万富豪。

北京首创集团总经理刘晓光曾经说过:"年轻人赚钱必须要有激情,没有激情的年轻人赚不到钱。"商界有所成就的人大多是激情昂扬,充满斗志，尤其是他们的青年时代。他们有着超越普通人的强烈欲望，这种欲望通常是不安分的、高于现实的，需要打破他们现在的立足点才能实现。他们的欲望往往伴随着行动和牺牲精神，这一点普通人恐怕难以做到。

人都有欲望，拥有强烈欲望的人往往容易成功，那些白手起家的千万富豪已经做出了证明。欲望对每个人来说都是固有的天然宝库，只不过大多数人心中的"巨人"都在酣睡之中。"巨人"一旦醒来，宝库一旦打开，连他自己都会吃惊，因为他发觉自己创造了前所未有的奇迹。

"潜龙"的志向是"飞龙在天"，这就是它的理想。墨子说："志不强者智不达。"人的伟大不在于他们在做什么，而在于他们想做什么。只要在心中大大地张开梦想，人生的收获就会更多。

俗话说："自古英雄出少年。"或许正是因为年轻气盛，有一颗不安分的心，再凭着一股闯劲儿，许多人在青年时期便在商界做出了显著的成就。年轻人只有把自己放大了的梦想付诸实践，才真正成为财富的主人。

海王集团总裁张思民最初在北京中信公司工作，中信是一个令人羡慕的金蛋，然而张思民背靠大树不乘凉，按他的话说："守着一份工作顶多能改善一下自己的生活状况，要想赚大钱，还是要办自己的公司。"

1988年，正值中信公司派员赴深圳投资部工作，张思民积极报名并获得批准。11月，他怀揣美丽的梦想，携妻离开了首都，离开了刚刚营造好的小家。张思民的梦想来自古希腊神话——海王波塞冬主宰着大洋百川。张思民也要在深圳这一改革的大洋百川中托起一座海山，那就是他梦中构筑的海王集团。

1989年5月，26岁的张思民郑重地向中信投资部递了辞呈，同年7月8日，属于他自己的深圳工贸公司（海王集团前身）在蛇口石云村住宅楼的3间普通民房里宣告成立。他以个人仅有的3000元积蓄做了投入，开始迈出了财富人生的第一步。

后来，海王公司生产从牡蛎中提炼的海洋生物保健产品。1993年，海王投资2.4亿元建造了包括研发实验室在内的总部。现在，又研制发展出了其他保健产品，并进入了旅游、房地产领域。2000年集团的销售额达到50亿元。2005年《福布斯》中国富豪榜上，张思民以个人资产达到15亿元人民币居第114位。

第四篇 ◆ 找到财富的魔杖

如果说欲望是赚钱的动力，那么梦想就是欲望的别名。梦想是改变人生的一种积极力量，它能够让人的潜能激发出来去改变自己的现状。因此，志在成功的人不但有自己的人生梦想，而且还应该尽量地把自己的梦想放大。

吉利集团总裁李书福的成功就是源自他的远大梦想。继装饰板和摩托车的开发成功之后，李书福并没有坐下来歇口气，而是做出了更惊人的决策：生产小汽车。早在1998年，国务院就发布了《关于严格限制轿车生产点的通知》，通知中明确规定：除"三大"（长春、上海、十堰）、"三小"（上海、天津、广州）外，全国范围内不再安排新的轿车生产点上马。就是这一规定令想要进入轿车生产领域的李书福一筹莫展。

"人在年轻的时候要做的事很多，也最有意义。但国家的一些行业政策还没有对民营企业开放。所以我就想请国家有关行业管理部门允许我尝试。"李书福很清楚：在汽车这个风险很高、挑战性极大、充满着世界巨头竞争的行业里，他自己只不过是一只微不足道的蚂蚁。可李书福已经下定了决心。

李书福是有策略的，他分析过，中国汽车工业发展近二十年，从夏利到大众、一汽、二汽，从广州标致到别克、雅阁，从低档到高档，排量越造越高，级别也越造越高，价格越来越贵。对于普通老百姓来说，他们需要三四万元价位的车，因为他们口袋里只有那么多钱，买不起十几万元的车。

"我的售价也就三四万元，只要成本比别人低，质量比别人好，价格比别人低，薄利多销，我就会有机会。而中国恰恰有这样一块市场没人去开发。"李书福成竹在胸，自己的产品质量不比别人差，但价格可以比别人更低，这是自己的优势。

现在李书福已经将自己的梦想一步步地变为现实。无论时空如何转换、环境如何变迁，这位中国民营汽车业的先驱人物，都像大多数中国富豪一样，在赚钱致富的过程中坚守着自己的梦想。

 人生感悟

很多成功者的成功经历说明了一个道理：如果你期望自己成为什么样子，你就会是什么样子。如果你总是期望那些更高、更好、更伟大的梦想，并且为之付出艰辛的努力，这种梦想就很容易变成现实。成功永远都垂青那些欲望炽烈、梦想远大的年轻人。

致富并非偶然而成

　　闭眼是穷人，睁眼即是富人。一觉醒来茅屋换别墅，那一定是还在梦里，没有醒来。

　　发家致富的日子可长可短，惯常所说的暴富也是有一个相对时间的，没有转念即成的神话。

　　现实中，有一些被贫穷熬红了眼的人，不时惦记着"暴富"这块肥肉，天天存有幻想，只盼神仙显灵成就黄粱美梦。此类想法却极少打动富人，他们知道天降横财太过虚幻，现实中的暴富绝非偶然。

　　穷人和富人一同进入天堂，遇到上帝时，穷人抱怨上帝太不公平，为什么不管自己如何虔诚地祈祷，也从不曾将好运降临到自己身上，却总是将它送给富人。

　　上帝笑了笑，给了穷人和富人一人一个苹果，让他们5年后再来找他，到时自见分晓。穷人拿着苹果高兴地走了，觉得自己这次胜券在握，因为富人对于如何种苹果根本一窍不通，而自己生前就熟知此道。

　　富人拿着苹果没有轻举妄动，他考虑了一阵子后，将苹果榨出汁兑上糖水做成苹果汁，然后把苹果渣和上面粉做成苹果馅饼，再把它们卖给过路的人解渴充饥。有了第一笔收入，他便再买入更多的原材料。如此雪球越滚越大，5年后富人已经是集团公司的总裁，其名下拥有一家饮料公司、一座食品厂、一家餐厅连锁企业和几座果园。至于穷人，辛劳多年，终于拥有了自己的果园，在不知情的状况下，成为富人的诸多原料供给人之一。

　　我们常常说某个人"富得流油"了，与穷人一对比，确实是一个天上一个地下，但是起点却是相同的，只是结果有了差异。

　　发财的机会，对穷人和富人往往都一样。暴富的背后，是不懈地执著努力，加上长期的经验和财富的积累以及抓住适当的机遇厚积而薄发。这些道理，穷人也知道，却从未仔细咀嚼。

　　对于富人，赚钱是大胆决策和自己用心经营后的必然结果，而决非误打误撞的"大运"。他们大胆果断的"冒险"背后，是深谋远虑的筹划与安排。

1959年，金庸35岁，抵港已11年了。他对自己这段时间的作为做了一个总结：北上投效外交部失败；婚姻失败；唯写作武侠小说成功。

把这几件事综合起来看，写武侠小说应该是自己走的路。但是，在金庸看来，写武侠小说毕竟只是"副业"，在别人看来也许是成功的，但自己始终难抒己愿。而最让他难受的是，作为主业的编辑行业却因《大公报》的工作作风而使自己难以尽情施展抱负。那么，下一步该怎么走？

在别人看来，金庸坚持以写武侠小说作为自己的事业也是很不错的。但金庸选择了一条充满风险的行业：办报。

在香港有这样一句俗语：假如和人有仇，最好劝他办报，意指办报的风险极高。但金庸已经决定自立门户，说干就干！1959年5月20日，日后声名斐然的《明报》正式创刊了。

选择一项全新的、从未有过经验的行业自然有许多难处，对金庸也不例外。《明报》创刊之始即苦苦支撑，困境时甚至只剩下包括金庸在内的两位报人。许多人都断言：《明报》不出半年即倒闭。但出人意料的是，《明报》不但支撑了下去，而且销量渐有上升，一步步打开了局面。

一位武侠小说作家站出来办报，旁观者也许会为金庸的胆量喝彩，如果以武侠世界的观点讲，他是一位敢作敢当的勇者。其实在金庸自己看来，这背后未必没有谋略的支撑。应该说，金庸对办报是有所准备的。这次重新选择事业，金庸吸取了北上求职失败的教训，事先估计了各种可能的情形。十来年的经历一方面为他增加了不少经验；另一方面也使他有了一定的积蓄，用来作启动资金是不愁的。为刺激报纸销量，以前给《大公报》等写的国际政治述评可以转在《明报》上发表，而给《新晚报》等的武侠小说连载更是抢手货。另外，针对香港市民的爱好，《明报》专门开辟了娱乐版面，相信可以吸引一大批读者。即使是办报失败了，自己仍可以从事翻译和武侠小说的写作以维持生活，自然，这是最坏的打算。

人生是一场长途的跋涉，我们自然可以冒险选择距离成功的最短路径，只要看清方向，带好必需的装备。

侥幸和不劳而获的心态，不但使穷人发不了财，还会让他们失去已经拥有的东西。有的穷人仅仅停留在对暴富的期望上，总是被表象所蒙蔽，却不会考虑到这是执著、积累和机遇共同发生作用的结果，缺一不可。

很多处于同样起点的人，几年后的结局却有着天壤之别。执著，是造成这种差距的一个非常重要的因素。

有两个小男孩儿，经常看到电视上播放大律师的传奇故事，便都立志将来当一个鼎鼎大名的好律师。两人共同努力，双双考入某大学著名的法律系。求学途中，两人分别被一个富商千金和一个贵族后裔追求。

甲觉得和富商千金结合，有助于自己更快地出人头地，便一边上学，一边和她交往。

乙则坚持理想，不愿受到干扰，拒绝了贵族后裔的追求，一心向学。

毕业时，乙因成绩优异，被一家著名的律师事务所相中。甲因谈恋爱耽误了功课而勉强毕业，不过他并不介意，因为自己已经和富家千金订婚，将来会顺理成章地接管她的家族产业。

头10年，乙因为坚持初衷，不愿意向黑暗势力低头，在法律界吃尽了苦头，只能接到一些没有油水的穷人的案子。

甲则夫靠妻荣，平步青云。他经常怀着复杂的心态邀请乙到家里来玩，炫耀自己的明智和财富，同时出于旧时的友谊，他多次建议乙放弃律师的职业，到自己的公司随便做个高管，工作轻松，薪水又高，还会有很多美女相伴。

乙拒绝了他的好意，终日奔波在贫民窟，为自己的客户讨公道。

第二个10年里，甲的妻子另有新欢，将他一脚踢出家门。

一无所有的甲，只好来找乙帮自己对簿公堂，要求分配财产。这场豪门官司，引起了众多媒体的注意，成为当时的热门话题。

乙凭借自己的智慧和多年积累的经验，帮甲赢得了官司的同时，也为自己赢得了良好的声誉，从此声名鹊起，实现了自己多年前的梦想。

在向目标进军的过程中，要抵挡各种诱惑，克服重重困难，坚定信念毫不动摇。如果发生了和既定目标相悖的行为和思路，就要立刻修正，这是通往成功的最佳方法之一。乙的一夜成名，正是他执著追求理想的结果。他所有的付出，在很多时候都没有得到回报，但他没有像常人一样放弃，才最终成就了梦想。

当然，在执著的同时，还要依靠长期的经验和财富的积累，并在适当

的时候抓住机遇。

汤姆和亨特同时在一座狩猎场打猎。第一天，汤姆就打到了好几种不同的动物，而亨特却一无所获。

亨特怎么也想不明白，就向汤姆请教打猎的秘诀。

汤姆说："当你决定好要打猎时，就要做好一切准备工作，这样你才能准确地得到你想要的猎物。"

汤姆说的准备工作，包括研究各种动物的生活特性，确定它们可能出现的位置，请教其他猎人的成功经验，并准备相应的枪和子弹以及不同的辅助工具，当然，还包括猎狗和猎鹰等狩猎工具。

事前的研究、请教以及猎狗和猎鹰的表现会帮助你判断猎物何时、何地会出现，从而减少无用功，让你在正确的地点，把握正确的开火时机；好的装备，可以增加你的射击准确性，减少猎物溜走的机会。

打猎的前期准备工作，其实就是求财路上的积累。只有经验的积累达到一定的程度，人们才能确定出现的机会是否真正适合自己；也只有财富的积累达到一定的程度，人们才可以抓住真正的机会，通过持续的努力，获得更大的财富，也就是通常所说的"暴富"。

人们常常会既羡慕又略带鄙薄地说："某某就是靠漂亮的外表，拍了一部电影就一炮走红，成了超级明星，如果自己有那样的脸，也能一夜暴富。"

俗话说："人无完人。"要将一个本身不完美的人，塑造成荧幕上的完美偶像，这本身就不是一件容易的事。

各种台前幕后的工作必不可少，演员本人也要经过长期艰苦的形体、语言和表演训练，背诵厚厚的台词，潜入生活细细体味角色。台上短暂的辉煌，凝聚的是很多人长时间的付出。

就算成功了，若从此满足，不再继续执著努力，那曾经的光芒万丈，很快就会被后起之秀压下去，成为过眼云烟。过气明星的悲哀，相信谁都不愿品尝。

 人生感悟

并不存在真正的瞬间致富秘籍。无论是偶尔的暴富，还是持续的富有，都绝非偶然的。

善于经营人脉这座金矿

你是否想过这样的问题，你结交朋友是为了什么？

如果你交朋友不仅仅是为了做朋友，更是为了积累人脉，那很高兴地告诉你，你已经向着富人的道路迈进了。

何谓人脉？费思和维拉合著的《强势人脉》一书中指出：人脉是一种互相提拔，让彼此形成合则两利的共荣圈。

人脉对一个人的成功有着相当重要的作用。美国钢铁大王卡内基经过长期研究得出结论说："专业知识在一个人成功中的作用只占15%，而其余的85%则取决于人际关系。"

按照卡内基的经验，如果你掌握并拥有丰厚的人脉资源，那你就已经在成功的路上走了85%的路程。曾有一位久混于商界的老总，做了这样一番总结：有人脉的高手是左右逢源、四通八达，对于他们而言，没有到不了的地方，也没有谈不成的生意；而一旦没有了宝贵的人脉，则必定如履薄冰、寸步难行，那种投门无路、四面楚歌的焦虑和窝火简直就像被武林高手点了死穴，既动弹不得，又奈何不了。

所以对富人来讲，他们交朋友，更多的是为了广积人脉，从而为自己的成功搭建一个关系网。

他们认为，这个关系网，不仅可以为他们带来机遇，更能为他们带来财富。所以富人千方百计地广交朋友。

我认识一个朋友，他每年都要交纳大量的会费参加俱乐部，几年下来，这笔费用都可以用来做一个项目的投资了。但是他说，参加俱乐部可以认识更多的朋友，通过这些朋友获得的回报远远要高于项目的投资和会费。

而穷人交朋友仅仅是为了做朋友。

穷人交朋友时，没有人脉意识，他们往往以自己的喜好来作为结交朋友的标准，因此很难形成一种社会关系网，也就无法从这个网络中获取诸多回报。

看到这里，你是不是对自己结交朋友有了新的认识呢？

第四篇 ◆ 找到财富的魔杖

如果你想成为富人，那么你将选择哪种交朋友的方式呢？聪明的你，应该会有一个明智的选择的！

在这个竞争激烈的社会，所有的人都在竞争彼此的能力、智慧、财富，其中也包括人脉。对企业来说，人脉作为企业的软实力不仅仅是光鲜的外衣，在生意场中它可以带来真金白银，可以令濒临破产的企业起死回生。但如果不重视人脉、不善于经营人脉，它也可以使一个商业帝国瞬时破产、倒闭。

当年的爱多VCD一时风头无限，更在1998年以2.1亿元人民币夺得中央电视台的标王，但之后爱多在用价格战来挑战行业老大新科的过程中让先科、步步高悄然做大，而使自己元气大伤，出现流动资金困境。

但给爱多致命一击的不是这次，而是其大股东陈天南。最初创业时，胡志标与陈天南各出2000元。但在爱多迅速发展壮大的过程中，胡志标实行专断经营，将陈天南束之高阁，所以陈天南几乎没参加过爱多的任何经营。随着爱多的日益隆盛，胡志标更是以当家人自居，很少与陈天南协商，这令陈天南十分恼火，也开始怀疑胡志标有转移资产之嫌。因此陈天南一怒之下，发表了"律师声明"，声称爱多新办的所有子公司均未经董事会授权和批准，其所有经营行为和债务债权均与"广东爱多电器有限公司"无关。"律师声明"一出，被爱多拖欠货款的经销商和供应商一哄而上，爱多被迫破产。爱多破产的根源实际上就在于胡志标与陈天南的人脉关系没有搞好，最终落得两败俱伤。

像这种因人脉关系没有搞好而落得破产的并非个例。再看巨人集团，当年"营销天才"史玉柱喜欢蔑视电视观众的智慧，也犯过诋毁娃哈哈的低级错误。后来巨人大厦资金缺口巨大，但在这种危急时刻，史玉柱却放弃和媒体沟通，也不考虑向银行借贷，终致回天无力、破产了事。过后，其副总裁王建这样评价史玉柱："他最大的缺点是清高，最大的弱项是与人交往，最大的局限是零负债。"

爱多与巨人集团的覆灭固然有着众多的复杂原因，但不可忽视的一点即是两大公司都没有处理好作为公司软实力的人脉关系问题。两大公司的破产给了我们沉痛的教训，一定要重视人脉，经营人脉！

打造良好的关系，是你事业成功的基础。

在工作中，没有一个人是生活在真空中，我们必然要与各色人等打交道，而处理好与这各色人等的关系会对自己事业的发展有莫大的帮助。

王洋与姜亮同时进入公司，两个人同样都有着较强的工作能力，老板交给他们的任务，都能圆满完成，真要认真比较的话，姜亮的工作能力似乎更胜一筹。不过，在同事之中，两个人的表现可就不一样了：王洋待人谦逊又有能力，对同事的要求都尽量办好，因此与大家非常合得来；姜亮则不同，清高自傲，喜欢独来独往，虽然他办事能力很强，但大家都不愿意靠近他。

姜亮自己也意识到与同事关系有些紧张，但他认为这样是无所谓的，只要有老板的赏识就够了，他甚至有些看不起王洋，认为王洋那种谦让的态度是虚伪的表现，只有没本事的人才会那样做。

就在姜亮按照自己的个性生活的时候，老板说要在他们之中提拔一名市场经理，而且采取"群众选举"的方式。初听要提拔一名市场经理，姜亮自信满满地认为这个经理职位非自己莫属，可是一听"群众选举"，心里顿时没底了。

最后的结果也没有什么悬念，能力稍弱的王洋以高票当选市场经理。王洋胜在哪里？胜就胜在他平时经营的与同事良好的人际关系。姜亮败就败在自己"孤军奋战"。

仔细观察，我们周围有很多类似的例子，那些有着良好人际关系的人在事业发展上总是一帆风顺，而那些自命清高，不屑或者根本不会与别人"周旋"、来往的人，则免不了时时被动挨打，举步维艰。

善于经营人脉，你就踏上了事业飞跃的跳板。

如今在猎头公司就职的汪敏玉，在大学刚毕业时，进了杭州当地一家知名的民营软件企业，成为了当时比较风光的IT人士，主要负责老板和销售部门的行政文字工作。

刚开始工作的时候，汪敏玉的人脉圈子无非还是以同学为中心。不过，不同于很多固守自己朋友圈的人，汪敏玉进入公司不久就开始经营自己在公司中的人脉圈。平时她总是主动向公司的同事学习、了解情况，因此结交了不少好朋友，形成了自己在公司的小圈子。更为重要的是，在软件公司担任文员期间，汪敏玉养成了一个好习惯，那就是收集、记录各种联系方式，这为她的职业生涯以及人脉管理奠定了良好的基础。

积极努力的工作姿态让汪敏玉的职业生涯比一般人提升得更快。在离开第一家公司之后，经过朋友推荐，汪敏玉加盟了第二家科技公司。

在新公司里，汪敏玉不仅各方面的能力得到了极大的提升，而且热情、开放、豪爽的人格魅力使她在公司高层中逐步建立起了自己的内部人脉关系。因为有了比较好的内部人脉关系以及在多个核心部门的能力训练，当总经理秘书提出辞职之后，汪敏玉成了呼声最高的人选，最终成为总经理的得力助手。

从此，汪敏玉如鱼得水，她借由这个平台使自己的外部人脉关系得到了全方位的升级，她的人脉逐渐从同学圈子、公司小圈子扩充到合作伙伴、客户等圈子，认识的朋友从身边的朋友扩展到外省，甚至国外（如法国、印度、韩国、泰国等地）。

汪敏玉在经营自己人脉圈子的第五个年头，再次挑战了自己的职业巅峰，进入了一个完全陌生的领域——猎头行业。

由于工作需要，汪敏玉的人脉圈子大大地拓展开来，覆盖各行业高中低三个档次。现在她有7个MSN、6个QQ、3个Skype，都是用来维护以前的领导、同事、同学、朋友以及相关联的不同的人脉圈子。同时，她还利用Linkist联络家平台进行人脉关系的管理，目前她在Linkist联络家的第一层核心友人近2000人，成为Linkist联络家的最高级别会员，在Linkist联络家上的人脉关系排行也总是位居前列。微软等全球知名公司纷纷主动与汪敏玉联络洽谈猎头业务合作。据汪敏玉介绍，去年就曾在Linkist联络家平台上"猎"到了一家日本知名企业的厂长。

回过头来看，在汪敏玉的职业生涯中，人脉成就了她的事业的辉煌。她从一个普通的办公室文员，两年内晋升为知名大公司的总经理秘书，成为老总的得力助手，三年内毅然放弃总经理秘书职位加盟猎头公司，专为职场人士作"嫁衣"。

人生感悟

<u>人脉是一座金矿，出色的人脉经营会让你的事业插上腾飞的翅膀，让你在竞争中成为胜利者。</u>

既志存高远，又脚踏实地

"你在哪里高就？"

"我——在给别人打工呢。"

这样的对话，随处可以听见。回答者在说完之后多半伴随着一脸的无奈，似乎觉得很没面子。

其实穷人更渴望拥有一份属于自己的事业，他们都知道只有事业成功了才能够改变自己的生活。这样的认识没有错，但遗憾的是，穷人理想中的事业，必然是惊天动地的大手笔，他们从来不会把打工当成自己的事业。

在穷人眼中，打工就是一件苦差事。"起得比鸡早，睡得比狗晚，吃得比猪差，干得比牛多"，"创造的经济价值比任何珍稀动物都高，拿的薪水却赶不上楼下卖便当的大婶"……

"老板太苛刻，主管太无情，同事太小人，加班太频繁，公车太拥挤，生活费太贵……"诸多不如意的事累积起来，几乎压得打工者喘不过气，除了诅咒命运不公，哪会想到这就是事业的开端。

因此，几乎每个穷人都存在如此情结："只要有合适的机会，咱就辞职，公司是别人的，干得再好，也是为他人作嫁衣。"精明如此，穷人怎会将打工视为自己的事业，为它卖命？

但纵观实际，打工者中却不乏成功者。深圳发展银行股份有限公司的外籍董事长兼首席执行官法兰克·纽曼，年薪602.57万元，约合每天1.67万元，他大约可以算得上中国的"打工皇帝"。

穷人又会说了："这怎么可能发生在我身上，我哪有如此好运？"别把一切都想得这么坏，谁说你就是上帝的弃儿呢？打工也是命运之神交给我们实现财富之梦的金钥匙，关键在于你对待它的态度。初涉社会的李嘉诚，没有顺理成章地进入舅父庄静庵蒸蒸日上的中南钟表公司坐享其成，而是选择了打工。他首先去的是一家名不见经传的小五金厂，做推销员。

李嘉诚志存高远，当然不会将打工作为终身选择，但他非常清楚，眼下的打工正是自己事业的"万里长征第一步"，要想铸就辉煌的财富金字塔，唯有每一步都走得稳当踏实。

17岁的李嘉诚，由此开始了艰辛的打工生涯。五金厂、塑胶裤带公司，甚至茶楼，都曾留下他打工的足迹。这位如今名贯中西的富商大贾，早年确实是用自己的双脚，无数次丈量了香港的土地。

从茶楼跑堂到推销员，至18岁当上某公司的销售经理，李嘉诚20岁就做出不菲的业绩，爬到打工族的顶端位置，得以荣升全面负责的总经理。随后他又组建自己的第一家公司，从此一"发"不可收拾。白手起家的李嘉诚，为什么能在年少之时，就成为业界的杰出典范？

在某次采访中，他提及自己一生最好的经商锻炼，就是打工当推销员。对穷人来说是一件苦闷不堪的事，李嘉诚却认为是最好的锻炼机会。正是由于他把打工当作自己事业的开端，对每一份工作都刻苦钻营，紧紧抓住每一次机会，才造就了如今令无数穷人艳羡的成就。

处于社会底层的穷人，如果没有意识到这一点，必然会经常私下抱怨工作环境的恶劣，想方设法为延误的工作找借口；将"虐待老板"的游戏，视为最爱的发泄方式；将"有朝一日，成为一个有钱人后，雇用老板和主管，每天变着法儿地折磨他们"的想法，作为打工的唯一精神寄托。穷人便由此陷入怨天尤人从而更加贫穷的旋涡，无法自拔。

与其时刻抱怨，不如换个思维方式：老板虽然苛刻，但总发给你薪酬以度日；主管是无情，但你也从他那里学到不少东西，从而完成由懵懂少年成长为职场老手的蜕变；宿舍太拥挤，但总为你节省了一大笔房租或月供；工资是太少，但总比坐吃山空强……

这似乎有点阿Q，但你在一贫如洗之时，唯有打工，才可能积累到原始资金。最重要的是，你将从工作中，积累到经验、方法、技巧、人脉、机会等资源，从而为自己的事业开创美好的前景，使远大梦想的实现成为可能……所有这些，都不是金钱可以衡量的。

每个人都幻想有朝一日，能像英国的亿万富翁斯考特·亚历山大那样生活：购置大量价值不菲的名车靓屋；为了保证自己青春永驻，活到140岁，每年不惜耗费10万英镑注射荷尔蒙；甚至一掷300万英镑，将保加利亚一座人口约一千人的小镇购入囊中，再以自己的名字为小镇更名。

但他背后的故事，谁又知道呢？

斯考特·亚历山大原本是法律专业的学生，大学毕业后，却阴差阳错地当上了健身教练。在常人看来，律师行业前途光明，借助一两个案件轻松上位，名利双收，从而拥有自己的律师事务所的事例不胜枚举。大可有所作为的律师，却做起健身教练，为名人们打工，这应该称得上"怀才不遇"。

不过斯考特·亚历山大没有任何抱怨，而是心甘情愿地接受现实，并以此为事业，不断积累人脉和经验。正是这次打工的经历，成就了亿万富翁。

如果将打工视为一项沉重的负担，穷人永远也难以逾越与富豪之间的鸿沟。如果将打工视为一项事业，那就有可能擦亮自己事业的阿拉丁神灯。后事如何，全在你的一念之间。

某君大学毕业，应聘到一家国企当办事员。一同报到的，还有一名退役军人。两人同等职位，共处一间办公室。

该君觉得自己堂堂本科生，竟然和一名高中文化的退役军人同工同酬，太不公平。从此每日上班，以清茶一杯和报纸一叠度日。但凡遇到公事，一概推到退役军人身上。

退役军人自觉学历不高，竟能和大学生同工同酬，自然非常珍惜这个机会，对企业的大小事务无不奋力尽心。

后来企业人事调整，将大学生扫地出门。同时提拔退役军人为主任，并作为经理的接班人培养，工资待遇大幅上调，还派发了企业的股份，配了小车和专职司机。

一向自视甚高的某君，自然不服，到人事部理论。

别人答复：你学历虽高，但多年来为企业创造的价值，还赶不上清洁工；没有出错，只因你没办过什么具体事务。退役军人虽然学历不高，但他做了很多实际工作，而且勇于创新、大胆提议，为企业出谋划策，一心将这里视为自己的事业，虽然也出了一些差错，但总体来看却为企业带来了良好的经济效益，并起了很好的带头作用。

同为打工，却带来两种完全不同的命运。

由此可见，穷人经常引以为客观借口的学历、出身，并非造成如此结局的主导因素。穷人对待打工的态度，才是决定自己人生轨迹的关键。

进公司多年，没有功劳也有苦劳，眼看着后生晚辈、甚至起初不如自己的人都得到了提拔，但为什么穷人却仍没有任何升迁的迹象？心中何止千百遍地想过其中的客观理由，而你绝对不会意识到：最大的原因，是自己没有真正用心去经营这事业的开端。

穷人不会将打工看作是锻炼和积累的机会、是通往成功的阶梯、是一项非常重要的事业，而仅仅只是一种无可选择、被逼无奈的谋生手段。

对待命运赐予的机会，态度如此糟糕，命运又怎能回报你灿烂的微笑？所以，几十年过去了，穷人还是那个被别人操纵的可怜虫。

等到上了年纪，有钱人会选择周游列国或者在豪华的乡间别墅里与孙儿、老伴享受天伦之乐。穷人却不敢思及老了的情景，因为年岁越大，被老板扫地出门的可能性就越大，那时的衣食住行、庞大的医疗支出、子女的教育费用等，任何一项都会让穷人感到恐慌。

人生感悟

打工不可悲，打工也不丢人，如果把它看作是一个成就事业的机会，穷人最终将有一天能改变自己的命运。

致富是综合素质的比拼

财富的获得取决于如何最好地发挥自己的成功素质。如果能充分地发挥自己的成功素质，可以说财富离你已经不远了。

毫无疑问，《福布斯》的这张排行榜上闪耀的是一串串在各自领域内缀满了光环的名字，这些名字后面都蕴藏着一个精彩的故事，它从正面告诉人们，人可能取得多大的成功，这不仅仅是取得多大财富的问题，而是说一个人可能有多大的能力。

因为事实证明，成功取决于如何最好地发挥自己的素质，如果能充分发挥自己的成功素质，可以说离财富就不远了。所以这份排行榜，以及就这张排行榜对中国大陆这100名富豪将要作的成功素质分析，就是要告诉人们，在自己周围存在着很多的机会，自己也可以变成很富有的人。但更重要的是自己还可以使自己的人生变得更有价值，这个价值具有多方面的意义。市场经济可以带给人们很多机会，中国的富豪们就是利用这种机会，

加上自己的一些素质的充分发挥成就了今天的辉煌，而后者恰恰是我们许多人需要学习并可以达到的。

一、综合素质决定一切

财富从来都不会从天而降，100位富豪今天的成就是由他们自身的优秀素质造就的。他们始终用最积极的思考、最果敢的行动、最乐观的精神和最辉煌的经验把握住了机会，创造出了机会，从而赢得了财富，获得了成功。

通过这一事实，我们是否也应该鞭策自己，通过对这些素质的培养走向自己的成功之路呢？答案应该是肯定的。

我们不能仅仅去羡慕亿万富豪们的财富，真正应该羡慕的是促使他们成为富豪的成功素质。因为即使我们一无所有，我们可以依靠我们的优秀素质来获取一切。而如果我们只有财富的话，一夜间我们也可能从金钱的巅峰，跌落到人生的低谷。

没有钱，我们可能步履艰难；没有较高的综合素质，我们可能寸步难行。金钱并非是万能的，而素质却是解决一切问题的关键。21世纪是一个素质竞争的世纪，素质在社会竞争中所起的作用越来越重要。许多年轻人，虽然刚走上社会时，一无所有，但依靠他们自身优秀的素质，可以在短短的几年内，迅速积累起巨额财富。因而，与其羡慕富豪的亿万身家，不如从培养自己的成功素质做起？

二、富豪并不神秘

看到这样的标题，很多人都会提出质疑：真的可能吗？我们也可拥有像《福布斯》杂志上的骄子们那么多的财富吗？其实如果相信自己可以做到，这一切便都主宰在自己手中，贫或富源于自己的心态，失败或成功源于自己的选择。许多富豪在他们拥有财富之前跟你我一样，是一个普普通通的人，甚至有的还身无分文。

也有许多继承亿万家产的富家子弟在短短几代之内，有的甚至在一代内就沦为平民。

富豪与平常人之间保持着一种正常的流动性，正是由于这种流动性才使财富保持了它最大的稳定性，因而富豪在不停地变，而社会的总财富却在不断增长。

那么，只要我们能够像富豪一样行动，我们也可以成为富豪。其实，这已经是不争的事实。世间多少亿万富豪起于贫民之间，发迹于破巷之中。我们只要有成为富豪的信心，就有可能成为富豪。其实富豪并不神秘，我们一定要以一颗平常之心看待他们，并坚信自己也一定能成为富豪，这样，我们在精神上已经接近富豪了。

三、拥有积极的心态

成为富豪关键的一点是要调整好自己拥有财富的心态，因为富豪们都拥有一种积极的心态。正是积极心态的作用，财富才像滚滚潮水一般涌来。在创富过程中，最重要的是相信自己能够成功！而大多数人却时常违背这一法则。

犹太人多年的创富历程告诉了我们这样一个道理：积极的心态可以致富，要相信自己的优秀素质可以创富，一定要摒弃的就是怀疑主义。

身为犹太人的投资大师索罗斯常常这样告诫我们："我告诉你我们犹太人的公理。这是为我们所使用400年以上的公理，无需证明。你诚恳地接受吧。你不相信他人而只愿相信自己的动机是可以的，但对他人所讲的一切都持怀疑态度，只会阻挠你行动的决心。怀疑主义者最终会使自己陷入软弱的泥坑。如果这样，就根本谈不上赚钱。"日本人不轻易相信人，即使双方已经签有合同。犹太人则不同，一旦签了合同，则完全相信对方。但如果撕毁合同，背信弃义，他们不会马虎了事，定会要求对方彻底赔偿损失。

所以首先应该具有积极心态，相信自己一定能成功。只要有了这种心态，成功就不会太遥远。相反，消极的心态则会摧毁人们的信心，使希望泯灭；消极的心态就像一剂慢性毒药，吃了这副药的人会慢慢地变得意志消沉，失去前进的动力，因而也就失去了未来的希望。

消极心态最可怕的是限制了人的素质的发挥。

一个人的行为方式不可能永远与自我评价相脱节，消极心态者不但想到外部世界最坏的一面，而且想到自己最坏的一面，他们不敢祈求，所以往往收获甚少。遇到一个新东西，他们的反应往往是：

这是行不通的。

从前没有这么干过。

这风险冒不得。

现在条件还不成熟。

总而言之，一个人可以心态致富，也可以心态致贫。事情往往是这样，相信会有什么结果，就可能有什结果。人的成就不可能超出自己的想象，赚钱也是一样。

四、致富的信念

100富豪排行榜上的富豪们在成功以前也是个普通人，但他们拥有敢想敢做的精神，坚信自己能成为富豪。信念就是人通向财富之路的指路明灯。世界上许多富豪都拥有如此敢想敢做的精神，金·C.吉列，由发明刮胡刀开始，到把它推向市场，前后将近八年时间，这八年岁月，对吉列而言，有如漫长的一个世纪，如果他不是具有坚定的致富信念，如果他不是把他自身的优秀素质发挥出来，如果他不是拥有渴望财富的心态，他的安全刮胡刀也许早就半途而废了。

金·C.吉列自幼家境不好，读书不多，十几岁就开始学生意，后来做了旅行推销商，终年奔波各地，推销各种商品。虽然他做推销员的成绩非常出色，但他真正的志趣并不在此，他想成为一个真正的富豪，成为财富的主人。

有一次，吉列跟一位朋友闲谈，聊到各人的未来愿望时，那位推销员说："我以为世界上再没有比做一个成功的推销员更痛快的事了。你看，就像我们这样，一年有将近2／3的时间在外面旅行，吃得舒服，住得舒服，玩得也自由，不像在太太身边一样，不管到什么地方去，都得先向她备个案。"

"也许你是因为怕太太的关系，所以才会有这种想法。"吉列笑着说，"我却觉得做推销员不是个长久之计。"

"为什么？"

"因为，不管你推销的技术如何高明，也不管你的业绩是何等的优异，总是替人家干的。"吉列说，"这一行赚钱再多，终究有个限度。所以我认为要想赚大钱，必定要自己干。"

"噢，原来你想当大老板！"那位推销员朋友带点调侃的口吻说，"你将来准备做什么生意？看样子你好像已经胸有成竹了。"

吉利摇着头说："要做什么，我自己也不知道。但我相信我不会做一辈子的推销员。"由这段谈话，我们可以看出吉列是个胸怀大志的人，这正是一个创业者不可缺少的重大因素之一。在推销员的这段生涯中，吉列有一个独特的习惯，每到晚间休息时，总是煮一壶咖啡，一个人坐在沙发上，一面喝，一面沉思。

吉列的好运，就是他在一次刮脸中获得发明安全刮胡刀的灵感。当他对着镜子一点一点地刮胡子时，疼得他几次想把刀子扔掉，再看看那伤痕的脸，心越发觉得懊恼了。

难道世上没有更好的刮胡子的方法了吗？他愤然地想。这是反抗意识下的必然反应，而世上有很多大事业都是在此反应中生出了胚芽。

当"有没有更好的刮胡子方法"这一意念进入吉列的脑海中时，他那因刀子不利而被搅乱的情绪突然静止了下来，另一个意念又跟着诞生了："是啊，难道找不出一更好的方法，造福天下的男人吗？"

就在这一念之间，吉列寻找了一二十年的发明灵感，终于闪亮了！

"我要研究一种既不会割破脸又不用磨的刮胡刀"，这是他那天早上想了很久以后得到的结论，也是他走向大企业之林的起点。

由此可见，想要致富首先应具有致富的信念，相信自己一定能成功。

人生感悟

让我们看看拿破仑·希尔告诉我们的话：我们怎样对待生活，生活就怎样对待我们。我们怎样对待别人，别人就怎样对待我们。我们在一项任务中刚开始的心态决定最后有多大的成功，这比任何其他的因素都重要。记住这一点，就有了成为富豪的条件。"人人都能成为富豪"并非虚妄之言，因为只有在我们的信念指引之下，我们的素质才能超常发挥，我们就可以做出一些一般人做不到的事，追求财富的道路也将变得更宽广，我们将在不知不觉中攀上财富的巅峰。

创业难，守成更难

创业艰难，守成更不易，守成历来比创业更困难。许多显赫一时的优秀企业，在当今强手如林的竞争中功亏一篑，好景难再，甚至面临转让、拍卖、破产和倒闭的危机，究其原因，恐怕就在于他们不知道如何守业。

时势、环境、对手都在不断地变化，而功成名就后企业的守成思想，自高自傲的老大派头，则往往使其走上衰落之路。保持领先，并不是保持现状，而是保持创业时的进取精神，"百尺竿头，更进一步"。

希尔顿集团是一家世界知名的旅店，它在希尔顿的领导下，不断进取，兴旺发达，举世无双。

在希尔顿看来，要完成伟大的事业必须先有伟大的梦想，必须具备超前的市场意识和始终如一的创新精神。希尔顿最初以5000美元购进一家小旅店，然后又陆续收购了几家规模稍大一点的旅店，其生意越来越红火。但他并没有满足于现状，他决心要干一番大事业。

母亲和妻子都希望从此安安静静地过日子，然而希尔顿的心却难以在小家庭中"抛锚"，他仍然渴望着新的冒险。

1930年11月，艾尔伯索希尔顿旅店举行了盛大的揭幕仪式，希尔顿全家从各地赶来参加这一盛典，无不对这一豪华气派的建筑发出衷心的赞叹。希尔顿更是得意非凡，他已经在这一行业领先一步，他要把这种优势一直保持下去。他知道，领先就是胜利，失去领先地位就意味着失败，他不能因已有的成绩而停止不前，而应该更进一步。

20世纪30年代的经济危机对希尔顿的打击很大，但他并没有忘记他的领先意识。1937年，他跳出德克萨斯州，来到旧金山。"德克萨斯州够大的了，何必还要到外地去做生意？"对这种庸人之见，希尔顿当然不予理会，他迫切需要在更为广阔的领域扩展自己的事业，他的视野不仅仅是整个美国，他瞄准的是国际市场，他要领先全世界。

1946年，希尔顿旅店公司宣布成立，它对协调管理旗下的众多旅店发挥了巨大的作用，也使得希尔顿的旅店事业领先于同行业。

1949年10月，希尔顿买下了纽约的"旅店业中的皇后"——华尔道夫，他的事业开始走向巅峰。

在一次董事会上，他提议在波多黎各兴建加勒比希尔顿旅店，遭到董事们的反对。这种目光短浅的狭隘之见和希尔顿勇于开拓、敢于领先的大企业家精神毫不相容，希尔顿坚持己见，力排众议，终于走向了世界，并领先于世界。

1954年，希尔顿注意到美国斯塔特拉旅店已经形成规模，他决定把它买下来。

然而，有消息说纽约一家地产公司已抢先买下了。经过一番巧妙周旋，希尔顿终于获得了斯塔特拉旅店的控制权，完成了希尔顿集团历史上规模最大的一次合并，取得了首屈一指的领先地位。

就这样，在波多黎各、墨西哥、马德里、伊斯坦布尔、巴拿马、贝鲁特、悉尼、阿姆斯特丹、布鲁塞尔、夏威夷、香港、曼谷……一个又一个希尔顿饭店相继建立。如今，希尔顿集团的旅店已遍布全球，共有200多家。这一业绩无不和希尔顿的领先意识相关，正是希尔顿用他的领先意识创造出了一个领先于世界的"旅店大王"。

领先一步是一个重大的经营策略，它包含着广泛的内容和深远的意义。现代企业只有树立领先意识，并为之努力，在同行中保持领先，才能发展壮大。领先的内容是广泛的，它既包括科技水平、管理思想，也包括经营方式、营销方法等各个方面。

作为市场经济竞争主体的企业，必须具备领先一步的意识，不仅在生产工艺、销售管理和营销策略等各方面都要力争领先，并且要把领先地位保持住，想办法赶在其他企业前面先行一步，只有这样，企业才能够生存并发展下去。

领先一步，我们不仅要说到，更应该做到，拿出自己的全部智慧与才能，领先对手，战胜对手，你就是胜利者。

 **人生感悟**

"进攻是最好的防守"是竞技体育奉行的理念。创富同样如此，如果你一味地消极防守，钱袋子总有被人撕破的那一刻。

千万不要越出法律的界限

沃尔夫森一生收购过很多公司，他一度是美国汽车公司的最大股东。最后，他把主要精力投入到经营梅里特·普曼公司上。这家公司包罗了造船、建筑、化工和发放贷款等方面的业务，营业总额约为5亿美元，但这些性质各异的业务从来没有真正形成一个整体，公司留下的是一条飘忽不定的经营轨迹。

在收购公司和交易股票的过程中，沃尔夫森常常同美国证券交易委员会发生冲突。美国证券交易委员会诉诸法律，并获得了针对他在出售自己持有的股票时所做的虚假声明的法院强制令，这个虚假声明曾使投资者产生误解。该委员会还以类似的理由就他在梅里特·普曼公司股票上的交易诉诸法律。沃尔夫森被裁定犯有伪证罪和图谋妨碍司法罪。

沃尔夫森的投资行为始终处于这个或那个管理机构的审查和监督之下。有一次他抱怨说："像我这样受到这么多调查委员会调查的金融家，在美国找不出第二个。"

最后，在进行一家由他控制的公司（大陆实业公司）的未记名股票交易时，由于言语不检点，他和美国证券交易委员会严重对抗起来。这个管理机构面对日益增多的白领金融犯罪行为，正想开创一个惩处搞歪门邪道的金融家的先例。沃尔夫森是一个不错的人选，他不仅知名度高，而且手上掌握着尽人皆知的金融权力。

在一份非同寻常的起诉书中，美国证券交易委员会指控说，正当沃尔夫森出售未记名股票的时候，大陆实业公司发布了有利于他的新闻稿，声称公司已批准生产一种烟雾阀。换而言之，沃尔夫森在发布股票行情看涨的消息，同时从中渔利。

沃尔夫森反驳说，政府在捕风捉影、小题大做，他的这种做法只是一种技术性犯规。而且他本人是无辜的，因为他只是按照他的班子和顾问们的意见采取了某些行动而已。这一诉讼由罗伯特·摩根索提起。沃尔夫森为自己所作的辩护是：他是公开地和光明磊落地进行这次股票交易的；他是以自己的名义而不是通过国外其他账户出售未记名股票的；他甚至还把这次股票的交易情况向证券交易委员会报告过。但这些辩护都被一一驳回。最后，他被判定有罪，并被监禁1年。

到这个时候，梅里特·普曼公司已在清算之中，他的金融帝国的其他部分也在逐渐土崩瓦解。

10年的股东诉讼和同政府打官司耗费了他几百万美元以及他的健康，最后还有他的自由。1969年的某一天，沃尔夫森因为在金融行业干了像在人行道上吐痰之类的事情而锒铛入狱。

沃尔夫森在其事业顺遂的年月里自然结下了许多有权势的朋友，其中特别是林顿·约翰逊和阿巴·福塔斯两人。确实，在入狱前不久沃尔夫森还曾吹嘘过，他本来可以获得总统特赦，这是某个接近约翰逊总统的人向他提出来的。

人生感悟

做生意千万不要越出法律的界限，即使只是那么一点点，你也有可能像沃尔夫森一样在职业生涯的最高点中止前进的步伐。如果你在法律的边缘冒险游走，一旦锒铛入狱，那么你所有的努力和梦想就会在顷刻间化为乌有。

不要为了金钱出卖自己

孔子说："疏食饮水，曲肱而枕，乐在其中矣。不义而富且贵，于我如浮云。"这是孔子的金钱观。

他意在说明一个人可以追求金钱，但是，不能为了金钱出卖自己的灵魂。因为，不义之财即使在手里，也不会带来安心和舒适，一定会受到良心上的谴责，更逃不掉正义的拷问。

李嘉诚这个商界的传奇人物，一生的故事因富有传奇色彩而显得非常吸引人。少小离乡，幼年丧父，从一无所有，赤手空拳，到三十岁成为千万富翁，再到今天的商业帝国遍及全世界，这位华人首富能有今日的成就，靠的是什么？李嘉诚援引《论语》说："不义而富且贵，于我如浮云。"

时至今日，社会环境已与多年前李嘉诚奋斗时有很多不同。有些人为了谋取个人私利而不惜损人利己，甚至超越法律的底限。这样只会对我们的个人发展带来不利影响，是属于"杀鸡取卵"的短见行为。李嘉诚说过："我绝不同意为了成功而不择手段，即使侥幸略有所得，亦必不能长久，如俗语说'刻薄成家，理无久享'。"任何财富的积累，都应该建立在公平的基础上，否则，这种财富便不会长久。

人心是公正的。我们只有秉承这一原则才可以在社会上立足、正身、成事业。李嘉诚事业上的"信"与他对人的"诚"，是分不开的，而诚信相合，即为"义"。这一点，他属下的员工感触颇深。

在李嘉诚的公司里，曾经有一个工作了十多年的中级会计，因为患了青光眼，而没有办法继续工作，此时公司规定限度的医疗费用都已用完了，生活压力之大，可想而知。李嘉诚知道后，说了两句话，"第一，我支持你去看病；第二，不知道你太太的工作是否稳定，如果她不稳定的话，可以来这里工作，我可以担保她一份稳定的工作。你太太有一个稳定的工作，你就不用担心收入和生活了。"

后来那位患病的会计接受了医生的建议，到新西兰去疗养。事情本来应该过去了，然而难能可贵的是，多年来，每当李嘉诚在报纸上看到有关于治疗青光眼方面的文章，就会叫下属把那些文章寄往新西兰，寄给那位患有青光眼的会计，看看他知道不知道这个消息，知不知道这些新的治疗方法。那个会计的全家都很感动，他的孩子们都很小，可能还不到十岁，但是孩子们自己用手画了一个祝福卡，送给李先生，一张薄薄的卡片，说的却是一个大写的"人"字。

如果说，从对子女的教育上，最能看出一个人的为人和心中的想法的话，李嘉诚的话也许就能给我们很多启示，他说："以往都是百分之九十九教两个儿子做人的道理，现在有时会谈论生意，约三分之一谈生意，三分之二教他们做人的道理。因为世情才是大学问，我年纪小的时候，已知道应认识哪些人和长幼之序，如何教导给予世界每一个人都精明，要令人家心服和喜欢与你交往，那才是最重要的。我经常教导他们，一生之中，对人要守信用，朋友之间要有义气。

今日而言，也许很多人未必相信，但实在我觉得'义'字，是终身用得着的。"

李嘉诚的成功不仅源于他有一个很好的头脑，还因为他有别人无法企及的人格。正如那句话："小赢靠智，大赢靠德。"可以说李嘉诚的一生就是在不断验证这一句话的正确性。

 人生感悟

其实，面对财富没有人是迟钝的，但是，做人应该有做人的原则，不要为了金钱而出卖自己的灵魂，唯有通过正当途径得到的金钱才会给你带来真正的快乐和更多的财富。

第五篇

天下没有免费的午餐

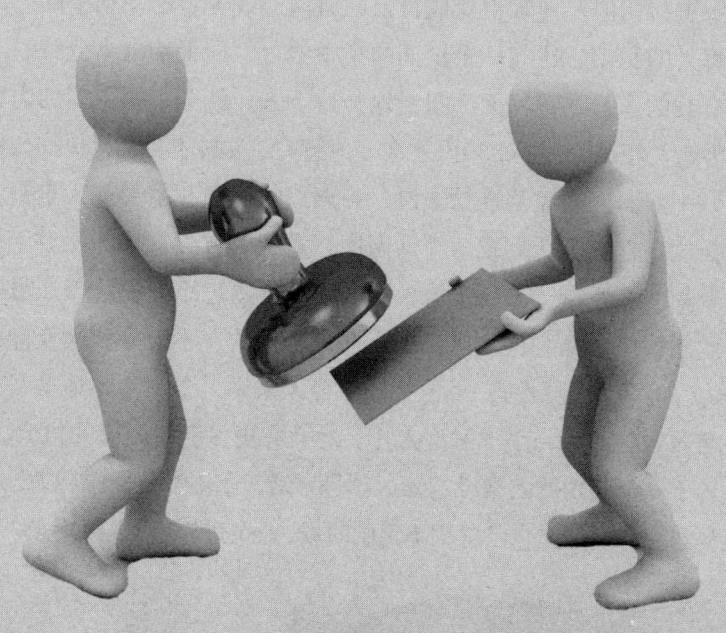

自我投资，提高自己的赚钱能力

一个年轻人如果想让自己获取更大的成功，使自己的事业获得更为充分的发展，就应当意识到，在日益激烈的竞争中，仅仅依靠过去的所谓意志、体力去拼搏是难以获得成功而成为胜利者的。一个成功的人依靠的是灵活、敏锐的头脑和科学、丰富的经营感觉去决定胜负。

所以年轻人必须不断地掌握知识，磨炼经营感觉，培养掌握许多与赚钱相关联的东西。

在当今这个经济社会中，依靠苦干的时代已经过去了，现代需要的是头脑和感觉。

对于年轻人来说，首先进行训练和学习的自主性是非常重要的。成功者是以自己的意志为基础的人，因此，年轻人从学习的阶段开始，如果不是以自己的意志为基础，那么就不能培养出最为重要的"作为商人的感觉"。所以年轻人要赚钱应当主动地学习，自费向自己投资。

其次，所谓的赚钱头脑、经营感觉并不是一朝一夕能够掌握的，它需要日积月累的努力。例如，磨炼商业头脑需要学习知识，吸收知识可以短期集中进行，但要使知识变成自己的血肉，成为自己头脑中的一部分，则只有每天的积累。比起一个星期的集中学习，一天抽出十分钟、二十分钟都是有效的。总之，每天不间断地坚持下去，就会掌握更多的内容。坚持就是力量。正因为坚持，知识才会变成智慧，头脑才会变得更加聪明起来。

另一方面，从经营感觉来说，一点点的积累和培养更为重要。年轻人应学会从日常的生活方式、生活态度、意识等方面去培养。对于每天所遇到的事物怎么看待、怎么吸取，对眼前的事物怎么感受、怎么思考，要一点一点地磨炼。你会逐渐意识到，那是积极的，不需要装模作样就能做到的努力。竞争是激烈的，对于一个年轻人来说，要用不断地学习来充实自己，培养自己成为一个学习型人才，才会有更多获得财富的机会。

对于一个成功的人来说，知识就是力量，永不懈怠的学习力才是百战百胜的利器。特别是在自己感觉不足的时候，业余进修、学以致用是一条捷径。

未来的社会是学习型社会，每个年轻人都应该善于学习。无论是创业还是给别人打工，技能的学习都非常重要。在学校里学习也罢，边工作边学习也罢，都有可能通过学习知识，让自己有意想不到的收获。

前微软中国区总裁吴士宏，虽不是科班出身，她是通过高等教育自学英语考试，先进入IBM，据说为了获得IBM的职位，硬着头皮说自己会打字，事后才开始狂练打字，由此过了基本技能关。进入IBM之后，"拼上命，白天泡在客户那里，夜里学专业知识"，竟然获取了工程师的资格，甚至当时微软的客户中国远洋集团，夸她是"最懂技术的业务代表"。

对于一个年轻人来说，需要不断了解、不断学习，只有这样，才能适应社会、适应竞争，才能获取财富。

很少有人能够具备与生俱来的赚钱能力，真正成功的商人肯定是在工作中不断积累经验、不断学习而逐步成功的。年轻人只要通过不断学习，就能提高自己的实际能力，"万般皆下品，唯有读书高"的年代已经过去了，但是养成读书家的本钱；而21世纪，人们最指望得到的赠品，再也不是土地，而是联邦政府的奖学金。因为他们知道，掌握知识就是掌握了一把开启未来大门的钥匙。"

人生感悟

要想获得更多的财富，就要不断地学习，使自己掌握更多的知识，来作为换取财富的资本。

知识可以改变命运

21世纪是知识的世纪，知识时代是用大脑来定义的，竞争的实质已转化为知识与智慧的竞争。所以，要想成为富人，先得做好自己知识的主人。富人最崇尚知识。大凡富人，往往都有其共同的"知识"特质。今天，培根的"知识就是力量"有了新的诠释，一大批像比尔·盖茨、杨致远、丁磊等以知识为代表的时代精英迅速登上历史舞台，发挥着前所未有的巨大作用，影响着整个世界。

青春励志

财富——不做金钱的奴隶

比尔·盖茨经营着全球影响力最大的一家公司，当然也面临着很多压力和挑战。他面对的最大挑战之一就是必须跟紧科技的脚步。为了紧跟科技的脚步，他用非常理性的态度解决知识和财富的问题。为了赶上新科技的发展脚步，比尔·盖茨特别高薪邀请特定领域里的顶尖专家，固定为他上知识密集的补习课。他称之为"思考周"，每次专家们都集中在一个主题上。在他的"思考周"期间，他把全部精力都集中在吸收新知识上面。

有次在接受《花花公子》杂志采访时，比尔·盖茨说他已经不看电视了，并不是他不喜欢看，而是他觉得没有那么多时间。因为在单位时间内看电视所获得的信息远远没有看书收获的多。他买书从不吝啬，在他华盛顿湖畔的豪宅里，有间图书室，里面共有1.4万多本藏书，这些书对他来说非常重要，门类繁多，内容广泛，能满足他旺盛的求知欲。为了掌握世界经济的变化，他经常从头到尾读《经济学家》杂志。

其实，比尔·盖茨酷爱读书的习惯从小就养成了。在他还是个低年级的学生时，他就特别喜欢读书了，但他从不喜欢连环画、卡通画之类的儿童读物，也不读当时的儿童都喜欢看的童话故事和小人书。他喜爱读成人作品，除了在学校的时间，他都把自己关在家中的书房里，阅读父亲的藏书。这些书开启了他通向理智世界的大门，也为以后他那种以观念制胜的事业打下了牢固的基础。当他才7岁的时候，他就开始读一本叫做《世界百科全书》的书，他经常几个小时不停地连续阅读这本大全，一字一词地从头读到尾。比尔·盖茨的父母后来说，就他们所认识的孩子中间，还没有见过哪位少年对《世界百科全书》像比尔·盖茨那样有那么大的热情和偏爱。

他这种学习新知识的爱好甚至扩展到度假的时间里。几年前，他根本不休假，现在，他每年都会休上几次假，但每次休假他都会给休假订一个主题，他的假期一样是在储备知识。例如，他去巴西，就把他那趟巴西之旅的主题定为物理。在度假时，他读了好几本物理方面的书。

富人最愿意学习的。著名生态经济组织"未来500"的主席、美国三菱公司原首席执行官，就连在旅行中也从不放过学习。因为知识需要积累，积累知识最有效的方法就是学习。现在的世界什么都可以让别人代劳，唯独学习不可以代劳。因此，获取知识的途径不能靠金钱购买，只能投入时间和精力。

人生感悟

知识，是成就富人的最为关键的核心资源。换句话说，只有掌握了知识又善于应用知识，才能赢得别人的尊重和信赖，才能成为别人心目中真正的领袖。大多数富人并不是生下来就腰缠万贯，大多数穷人也并非生下来就一无所有，为了生活，谁都不可避免地要去学会奋斗。然而他们的命运在工作和打工开始时就走向不同。

书本教育不一定能使人致富

知识有两种，一种是普通知识，另一种是专业知识。普通知识无论有多丰富或多广博，对于聚积财富来说都没什么助益。总体说来，大学里的各科系，实际上传授的是各种所谓的普通知识。

知识不会吸引金钱，除非经过组织和睿智的指导，且透过实际的"行动计划"，巧妙地导向聚积财富的目的。大部分的大学教授都没什么钱，因为他们专精于知识的"传授"，而非知识的"组织"或"运用"。知识只是潜在的能力。知识唯有重新组织为明确的行动计划，并导向明确的目标，才能成为力量。

教育机构在学生获得知识后，却无法教导他们如何组织和运用知识，这种各教育体系中"失落的环节"，由此可见一斑。

很多人错误地认为，因为汽车大王亨利·福特只受过极少的"学校教育"，他便一定是位没"教育"的人。犯此错误的人就是不了解"教育"一词的真正含义。此词衍生自"educo"这个拉丁字，其意为由内向外的推演、产生和发展。

受过教育的人，并不一定就拥有丰富的普通知识或专业知识。一个受过教育的人，应是那种能够充分发展其心灵功能，以致能在不冒犯他人权利的情况下，获得他想要的东西，或同值对等物的人。

第一次世界大战期间，一份芝加哥报纸所刊登的各项报道中，有某些评论称亨利·福特为"无知的和平主义者"。福特先生驳斥这种说法，并控告报纸诽谤他。当案子在法庭上审判时，报社律师为求辩护，置福特本人于证人席，目的在向陪审团证明福特的无知。律师问了福特各式各样的问题，所有问题旨在证实，虽然福特可能具有相当多关于汽车制造的专业知识，但就整体而言，他却是无知的。

律师问："你能否告诉我，美国政府的基本原理是什么？"

"我不知道你指的基本原理是什么意思。"福特回答。

"你不知道政府的基本原理是什么意思？"

"你指的是宪法吗？"福特反问。

"那么你是如何考虑政府的基本原理的？"

"公正。"

"公正？"

"是的，这是最重要的。"

"那么，我们这个国家发生过革命吗？"律师又问。

"当然发生过。"福特说。

"什么时候？"

"比如1812年。"

"难道你不知道1812年并没有发生过革命吗？"

"我不清楚，"福特回答，"我在这方面没有特别注意。"

"难道你不知道1776年的革命吗？难道你真的不知道美利坚合众国是由于1776年的革命才诞生的吗？"律师步步紧逼，"你的确是个健忘的人，福特先生。"

"我想我是忘记了。"福特对律师提出的问题感到很头痛。

接下来，律师又故意问了许多知识性的问题，诸如：

"贝纳狄特·阿诺德是谁？"以及"1776年，英国派遣了多少士兵到美洲平息叛乱？"回答后一个问题时，福特先生说："我不知道英国派到美洲平息叛乱的士兵确切的数目是多少，但我听说，去的数目要比回来的数目大多了。"

最后，福特对一连串的问题感到厌烦了，在回答一个相当具攻击性的问题时，他身向前倾，手指发问的律师说："如果我真想要回答你刚刚所提出的这些愚蠢的问题的话，那我告诉你，我桌上有一排电钮，只要按下正确的电钮，我立刻能召来助理人员协助我，回答我想问的，有关我所从事的事业的任何问题。现在，能否请你好心地告诉我，当我周围随时有人能提供给我任何所需要的知识时，我为什么还要在脑袋里塞满一堆普通知识，好用来回答问题？"的确是个充满逻辑智慧的回答。

那个回答也把律师给难倒了。法庭中的人一致认为，做此回答的人，绝非无知之人，必是个有识之士。真正有学问的人，知道从哪里获取他所需要的知识，也知道如何把知识组织成明确的行动计划。透过"智囊团"之助，亨利·福特掌握了他所需要的专业知识，并成为美国最富有的人之一。他根本没有必要自己去死记硬背这些知识。

聚积财富需要力量，而力量则来自于高度组织与睿智指导的专业知识，但是，聚积财富的人，不一定要完全具备这种知识。

在你能够确信自己有能力将欲望转变为金钱对等物之前，你需要具备服务、商品或职业等方面的专业知识，才能借以换取财富。或许你所需要的专业知识，远远超过你的能力范围，果真如此的话，你可借助你的"智囊团"，补救自己的弱点。

有些人本身并未受过必要的"教育"，无法提供他自身所需的专业知识，但他们却充满了发财致富的雄心壮志，对这类人来说，上述这段文字必能给他们以希望和鼓舞。有些人因为没有受过"教育"而终身自卑。其实，一个人若懂得组织且领导一群具有聚积财富的实用知识的"智囊团"的话，他就跟团队中的任何一个人一样的有知识。

汤玛士·爱迪生一生只受过三个月的学校教育，但他可不是没知识的人，更没有死于贫困。

亨利·福特受教育程度连六年级都不到，但他却自己努力设法在经济上交出了漂亮的成绩单。

专业知识可以说是能为人所获得的最丰富、最廉价的服务！假如你怀疑这一点，参考一下任何一所大学的薪水册便知道了。

那么，如何获得昂贵的知识？

首先，决定你所需要的专业知识以及需要它的目的。大体来说，你主要的人生目的，你努力不懈的方向，都有助于你决定需要何种知识。这个问题解决之后，下一步，你需要有关于可靠知识来源的正确资料。这些来

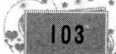

源里面，比较重要的有：

一、个人的经验和教育。

二、可借助他人（智囊团）的合作而获得的经验和教育。

三、中学和大学。

四、公共图书馆（借助书籍和期刊或许能发现他人组织整理过的知识）。

五、特殊训练课程（特别是通过夜校和函授学校）。

获得所需的知识后，必须将它组织整理，并且透过实际计划，将其应用于追求自己明确的目标上。除非将知识应用于有价值的目的，否则知识便没有价值，更不会给你带来财富。

假如你考虑接受进一步的学校教育，先决定寻求知识的目的，然后经由可靠来源寻找能获得这种特殊知识的渠道。

 人生感悟

各行各业中成功的人，永不会停止吸收和其目标、生意或职业有关的专业知识。不成功的人通常犯一个错误，他们认为从学校毕业，就表示吸收知识的阶段结束了。事实上，学校教育所做的，只不过是带领个人学习如何获取实用知识的方法而已。

带着目的去学，让学有所用

近年来的各种补习班、培训班可是越来越多了，人们如蜂一般涌进各种地方，专心致志地学习，当我在感慨当今人的爱学时，却发现培训后的人并没有多大的改变。

我有两个从事土木行业的朋友，刚入门，一个利用下班时间积极地去学习英语和计算机，这可是当今时代最流行的两门课啊，每天累得半死，仍然孜孜不倦，看了都让人感动不已。我以为这位先生要做这方面的东西，就问他为什么这么卖命学习，他却说："这哪有为什么啊，不是大家都在学吗，我怎么也得来学学啊，你没看见连那些公司的老板都在学呢！"后来，他告诉我，他放弃了，学的东西也忘了。

而另外一个朋友，进公司后就发现在自己的领域好像仅有大学知识远远不足，他分析之后找到一个很有前途的分支，边实践边学，后来发表了新的理论文章，成为这个行业的新新人物。

学习究竟是为了什么？这是一个讨论了很久的问题了。

当年周恩来的为祖国之崛起而读书，让他成了一位伟大人物。

那么我们学习又是为什么呢？古往今来众多读书人可不是人人都有目的的。

也许有些人学的东西让别人很不屑一顾，因为他学的并非潮流东西，只是些与时尚脱节的玩意儿，但是这才是他的资本。

有些穷人也是很爱学习的，但是他们却总是学些对自己没有用的东西。他们之所以爱学是因为别人在学，或者说大家都在学。他们永远不知道为什么要学这些东西，学这些东西有什么用，也许他们学的这些东西本来是有用的，但是他们不知道。

穷人学习犹如大海上漂流的小帆，任它自由飘荡，最终不是船沉人亡就是漂泊到无知的陌生地，没有未来。

穷人学的东西永远是百无一用的。他们最多学习一点对自己眼前有益的东西，盲目地学，学其皮毛而不懂其精髓。

穷人也喜欢学富人，却不是学富人的生存方式，而只爱学富人的生活方式。

为了学而学，不是有准备有目的的学，而是不切合实际的学，所以学的东西往往是用不上的。这样的学只能给穷人带来钱财、时间和生命的浪费。

富人认为时间是很宝贵的，是很重要的。他们不会为了没用的东西去乱学，他们没有这个时间可以浪费。

富人学东西都是为自己而学，他们到什么时候都知道自己该学习些什么，学这些东西的目的是什么。比如实现自己的目标所需要的知识、本领和技能。

赶潮流学时尚的穷人和为目标而学的富人一下子就能被大家区分出来，你如果还要继续浪费时间做这种无聊游戏，那你肯定不能成就任何事情。

要记住：永远要知道自己需要什么，该为需求做什么准备，任何学习都要有目的而为之。为了一个目的去学，就有了巨大的动力，就能迅速积累起致富需要的资本。

有一则真实的故事是这样的：有一位普通的推销员，为一家食品公司服务了几十年，没有自己另外的事业，日子过得紧巴巴的。到了快退休的年龄了，他才觉得应该要改变一下自己的生活了。他根据自己推销多年的经验决定自己另创一番事业。由于他推销的时候学到了一点簿记经验，于是他决定开一所会计师事务所。有了这个从未想过的目标后，他开始了每天的簿记专门训练，这对一个老人来说是很不容易的。到了退休时，他开了自己的事务所，经营了没多久，以往他的雇主和100多家中小商店都与他订了合同，委托他全权处理事务。根据业务的需求，他又开始学习其他的新知识，他开着一辆旧巴士，四处巡逻作业，巴士里是他的全部家当，计算机、打字机等。此后他的生意更加兴隆了，而他现在的所得更是以前所不敢想象的。

这位先生用我们的话来说已经是垂垂老矣，在大家的意识里已经是个不中用的人了，可是正是这样一个我们看不起的人却实现了好多人的梦想。

他在年老的时候还能为了自己的理想而进行艰苦的学习，又有多少年轻人能够做到呢？他成功的一大因素就是他为事务所所做的有目的的训练。

看完这个故事你是不是很佩服、羡慕别人的财富呢？看着别人拿着比自己多得多的金钱时，你是不是应该想想你的学习过程了呢？

过去的都不要紧了，放弃你广撒网似的乱研究吧，只为自己的未来学习，只为自己的目的而学。多关注学习的目的是否能实现，长此以往你就会看到你的原目标也是如此容易就可以实现的。

李嘉诚可谓是书香世家，从小熟读四书五经，但是到达香港后，他父亲李云达发现以前的传统教育在香港这个拜金主义横行的社会完全行不通，要想融入这个社会，就要学"做香港人"。

李嘉诚是潮州人，只会讲潮州话，但是在香港不熟练地讲广州话和香港话就会寸步难行，更别提做什么大事业了。他觉得，想要成就一番大事业，至少要懂得香港的通用语言，这样才能在事业上挥洒自如。他经过几年的努力终于熟练掌握了这两种语言：这在他日后的商战风云中起到了很大的作用。

在长江塑胶厂的创业上，英语帮了他极大的忙，他凭着一口流利的英语与外商商务洽谈，取得的成功把他推向了塑胶花大王的顶峰。包括后来他建立的任何一个跨国商务，有哪个能少了英语的帮忙呢？

他当初学习的目的只是为了在香港存活下去，他做到了，而后的帮助才是最大的。

想想当初，如果李嘉诚随便去学习一些技术了事，那也许我们现在根本找不到这个商业巨子的身影。

学习是为将来做的准备，是实现目标的必需过程。没有了目标，你就不知道自己究竟要做些什么，不知道自己该学些什么，因此就会产生闲暇的时间，就会产生很多没有目的的、盲目的学习。

因此我们在做之前就要定好自己的目标，围绕着这个结果分步骤地学习必需的东西。

在学任何东西之前还要想清楚，学它有什么作用，我能达到什么结果。

你以前是不是也在浪费着金钱与精力呢？从这一刻开始改变自己，为了你远大的、既定的目的去准备，不久你就会发现离自己的梦想越来越近，这时候你就已经胜过了别人，你就会得到你想要的富人标准。

当然，学习知识是一个日积月累、循序渐进的过程，要把知识系统、全面地掌握好，最有效的方法就是要坚持不懈、持之以恒地学习。

没有创造财富的目标，你不可能成功。

没有做好成功的准备，你不可能打个胜仗。

没有坚持不懈学习的心理，你就完成不了自己的心愿，达不成自己的目标，一切就无从谈起了。

法国著名学者巴斯德在回答青年们提出的问题时说过一句话："告诉你使我达到目标的秘密吧，我唯一的力量就是我的坚持精神。"他的话包含一个真理：任何一件事情的成功，都要有一种百折不挠和坚持到底的精神，学习也不例外。

凡是获得重大成就的人，都具有坚持不懈的精神。数学家陈景润在攻克"哥德巴赫猜想"这个数学堡垒的过程中，不怕讽刺挖苦，忍受着疾病的痛苦，在工作条件极差的情况下，夜以继日地学习、钻研，仅他运算用的稿纸就有几麻袋。有个英国数学家称赞他在数学上"移动了群山"，但是他最终实现了自己的目标。

贵在坚持的道理人人都懂，却不是人人都能做到的。在现实生活中，我们常常看到这样的情况：有些人高兴地找到了学习的目的，开始时决心很大，制订了计划，列出了攻读的书目和研究专题，可一碰到困难、挫折，就灰心动摇起来，往往半途而废。原因就是缺乏坚韧不拔的毅力和克服困难的顽强意志。任何事业的成功，都不可能一帆风顺，都会遇到各种意想不到的挫折和障碍。

只有有了"不避艰苦"和"坚韧不拔"的精神，才能获得真知，才能一步一步地实现你的人生梦想。

 人生感悟

　　学习只是一个过程，它是为了你的致富目标而做的准备，时刻记得你的目标，为目的而学，让学有所用。

赚钱，要心动，更要行动

10年前，有没有人问你10年后你的理想是什么？你肯定回答了很多很多。10年后，再看一看，你的承诺兑现了么？

穷人往往没有兑现自己的诺言，而富人却往往做得更多，为什么有这样的差异？

因为穷人总是期待着明天可以怎样，明天是他们最强大的"武器"。想象一次成功对于他们来说已经足够美好，而获得成功是明天的任务。富人们则认为命运是极为明确的目标和结果，今天的想法只在今天有效。因为今天不执行自己的想法，明天也不可能有机会将它付诸实践，成功就会在自己的忙忙碌碌中消散、消失和消亡。

有这样一位先生，进入了美国邮政局工作，但他很快就对工作上的种种限制、呆板的作息时间及微薄的薪水感到不满。他曾经想到利用工作中学到的贸易商所具有的专业知识，自己做礼品玩具的生意。10年后，他偶遇另一位成功的玩具商人，不胜唏嘘。因为对方几乎是和他同时开始想到

做这个生意。而他本人，直到现在还在邮政局上班，依然对现实不满，依然每天都在想自己的玩具生意，但是，只是想着。10年来，他没有为自己的理想做过一件事，所以他仍然在"想"，也仅是在"想"而已。

穷人总是缺乏自律，充满想象。

他们把成功后的情景想象的很美好，却从来不注意创业的艰辛，因为他们根本就不会付诸行动。

他们喜欢用"明天"来治疗懒惰，于是当懒惰再次光顾时，他们只能用另一个"明天"来治疗。

富人则充满了毅力，成功后的美好不过是他们的原动力，他们更多关注的是行动中的细节，需要努力的方向。而"行动"是他们治疗懒惰的良方，而且治标治本，懒惰再也不敢光顾他们。

记住：空想主义已经被淘汰了，只有实干才能创造出财富。

财富是"做"出来的。认定目标，行动才能创造价值。

巴菲特11岁时曾经劝姐姐买过某个公司的股票。经历了下跌之后，这支股票开始上涨，害怕股票再次下跌的巴菲特立即卖掉了它，结果小赚一笔。但是这支股票紧接着一直上涨了好几倍，这让巴菲特后悔不已。于是他得出了两条终身遵守的规则：第一是设立目标必须通过严谨的思考和精密的测算；第二是目标设立后，决不轻易放弃和改变，只是想尽一切办法去实施。于是在其后40年的投资生涯中，他只用了12个投资目标就拥有了现在的财富。

1993年，巴菲特准备购买一家在内布拉斯深受顾客欢迎的家具公司。他走进公司，问老板愿不愿意将家具公司卖给他，老板当即开价6000万美元。巴菲特没有还价，径直回到办公室开了一张支票给他。老板问他怎么没有请律师和会计师，巴菲特说他相信老板。

在清点存货时，老板才发现家具公司值8650万美元，不过既然做出了交易，也不愿毁约。老板只是非常吃惊，因为巴菲特当时似乎连想都没多想一下。其实巴菲特很早就开始收集这家家具公司的资料，因而心中早就有了适当的估价。

先确立一个正确的目标是至关重要的，但要获得目标，实现创意，还要有具体详细的执行方案。

肯德基打入中国市场的故事你听过么？刚开始公司派了一位代表来考察中国市场。在首都北京，他看到街道上人头攒动，内心激动不已，于是回到公司后尽情地畅谈着肯德基一旦在中国站稳脚跟后的美好未来。尽管他提出了许多好听的理论，譬如人口密度大、消费水平不高但是成本低等等，但是总裁还没等听完他的"美好遐想"就停止了他的工作，另派了一位代表。

新代表与上一位不同，他先在北京的几条街道测出人流量，然后又对不同年龄、不同职业的人进行品尝调查，详细询问了他们对炸鸡的味道、价格方面的意见。最后，他对北京油、面、菜、甚至鸡饲料等行业进行了广泛的摸底研究，将样品数据带回了总部。

总公司在经过精确的计算之后，发现中国是一个巨大的利润市场，于是那位新代表率领一帮人回到北京，"肯德基"从此打入中国，而那位新代表也成为第一任中国区总裁。

第一位商业代表之所以被解雇，并不是他没有好的创意、好的想法，而是他的意见还仅仅停留在空谈上，没有拿出令人信服的行动来证明这个想法。而第二位代表是想到就做，马上行动的人。他既有让"肯德基"驻足中国的美好愿望，同时又通过行动证实了这个想法的可行性，并最终付诸于行动。

好的创意并不少见，而把它变成事实的却极少。不要抱怨别人的点子你也有过，因为别人的行动你不曾做过。把想和做结合起来的人，才会是最后获得成功的人。行动吧，现在就开始。

两位患者在医院等候就诊时攀谈起来，他们这次都是因为胃疼的毛病来医院检查的。他们谈起了自己的希望和人生的打算，碰巧的是，两位病人都有去西藏看看的打算，但是以前一直未能成行。后来医生叫两位病人去检查，很不幸，检查的结果是其中一位得了胃癌，而另一个只是轻微的胃炎。

知道自己得了胃癌的人，感觉自己人生的时间不多了，决定马上进行自己一直未执行的计划，他去了一次西藏，在拉萨的土地上留下了自己的足迹；他读完了莎士比亚所有的作品，圆了大学时的梦想；他重新学习，考取了研究生……

一年后，两个人碰巧又在同一家医院见面。那个实现了愿望的人接到了医院的通知，要他去复查。原来当初医院的诊治出了差错，他并没有胃癌，这次是去进一步诊治确认。而另一个只是得胃炎的人又因为别的小毛病上医院来检查了。

这次，两个人又攀谈了起来。那个被误诊的人说：我真的无法想象，要不是这场病，我的生命该是多么糟糕。是它提醒了我，去做自己想做的事，去实现自己想实现的梦想，那样才能体会到什么是真正的人生和生命。而那个只是得了胃炎的人呢？他早已因得的不是癌症而把自己所说的梦想放到脑后了。

原本两个人的梦想相同，但是现在只有一个人实现了它，差别就在于这个人去实践了，而另一个人只是偶尔午夜梦回时想起自己还有这样的心愿没有实现。

为什么不把梦想带进生活，而非要带进坟墓呢？

人生感悟

赚钱，要心动，更要行动。别让生命错过！趁自己有精力的时候把自己的财富梦实现，把自己赚钱的想法落到实处去。

人格也是财富

有的人也许没有万贯家财，但因为有极高的人格魅力，所以身边总不乏朋友帮助。对于这种人来说，高尚的人格魅力就是财富。尽管这种财富不会直接给他们带来物质上的满足，但会引导他们一步一步走向成功。一个人要想具有长期而稳定的财富就必须学会做一个具有优秀品质的人。

一个人如果品行不端、德行恶劣，便很难得到认可，事业上也难以有所进展。任何人要想走向成功，都必须严格要求自己。假如不具备高尚的品格，财富之路就会失去支撑，失败也会成必然，幸福当然更无从提起。唯有品质优秀的人才更容易获得持久的财富和幸福。

锤炼优秀的人格品质应该是贯穿于一个人一生的信仰。在人生的不同阶段，品质对于我们的要求有所异同，但是，"以德立身"的人生支柱不

会变,对一个人的人格要求不会变。四大名旦之一的"梅派"创始人梅兰芳先生就是这样一位具有高尚人格魅力的千秋楷模。

他一生律己甚严。青少年时代经历了八国联军的侵略、辛亥革命、军阀混战和国民党的腐败,这让他更懂得了爱国。抗日战争时期,他蓄须辍演的举动,激励了许多爱国志士,表现了一个人民艺术家高尚的民族气节和可贵的爱国主义精神。著名画家丰子恺先生曾感叹:"茫茫青史,为了爱国而摔破饭碗的'优伶',有几人欤?"

1931年,"九·一八"事变爆发,梅兰芳愤慨难当。他拒绝为日本人演出为了鼓舞各界的抗日斗志,梅兰芳与叶恭绰等合编了《抗金兵》一剧。接着,又把《易鞋记》改编为《生死限》演出。抗战胜利后,梅兰芳高兴得当天就剃掉了胡子,并在上海美琪大戏院重新登台演出。

梅兰芳不仅是一个优秀的京剧演员,更是一位爱国主义战士。在大是大非面前,他高尚的人格引领了中国人的民族自豪感,可以说,正是他的人格魅力才让更多的人认可了他,更认可了他的"梅派"艺术。一个人的人格决定了他在别人心目中的地位,而这又决定了他是否在他人心中具有威信。没有人愿意和一个不讲诚信、品德恶劣的人打交道,更没有一个人愿意帮助一个没有人格修养的人成就事业。所以,从某种意义上来讲,人格品质的高低是可以影响到一个人的事业的。

今天的社会是一个物欲横流的社会,人们对于金钱的追求达到了狂热的地步,但是,这并不等于人们对于个人道德品质的要求下降了。相反,越是这样的社会,高尚的人格品质就越显珍贵。许多新兴的企业在一夜之间迅速崛起,并以强大的态势席卷着中国的每一个角落,这不仅仅是因为它们具有强大的管理架构,更是因为它们的领导者是一些具有高尚人格品质的人,因此才能够吸引众多的人才。在企业这个舞台上,他们是整个舞台的灵魂和核心,是足以让所有演员进入状态的导演。在这样的领导者的带领下,一个企业没有理由不创造价值,没有理由不创造财富。人格是一笔无形的财富,它可以影响到我们一生的发展趋势和状况。良好的人格不仅可以为事业增添砝码,还可以让我们赢得越来越多的尊重,从而使我们得到长足的发展。

我们要加强自身的修炼,事业才能有所进展。

信誉是赚钱的最大资本

曾有一位著名的企业家对一位诚实守信的年轻人说:"虽然你很贫穷,可是还是有许多人愿意仅仅凭你的信用借给你巨额资本,因为他们知道,信誉是最好的资本。拥有像你这样品质的人,胜过那些有十万美元却没有信誉的人。"这位企业家还说:"如果每个年轻人都足够诚实,那么他们中的每个人都有赚钱的机会。"

赚钱是商人的天性,无利欲就不会成为一个成功的商人。这就好像"不想当将军的士兵不是一位好士兵"一样,不想去赚钱谋利的商人也不是一个好商人。然而,君子爱财,取之有道。这里的道不仅有着道德的意思,也有着方法的意思。就是说,谋利的最好办法是道德,讲商业道德就能获得大吉大利。有人曾问过李嘉诚成功的秘诀,他的回答就是简单的两个字:"诚信。"

然而从道德上来讲,信誉是无价的;从赚钱上来讲,信誉却是最好的资本;从做人上来讲,信誉是人的尊严,是立身的本钱。

路透社是现代世界上极有影响的新闻发布机构之一,从它的创立到现如今已有一百多年的历史了。路透社的创始人路透先生,始终都把诚实、公正作为新闻业的宗旨。

路透先生是位犹太人,1851年的盛夏,路透和他的妻子一起来到英国的伦敦,他们想在那里开展自己的事业。而当时的英国有很多殖民地,被称为"日不落帝国",并且首都伦敦也是一座非常繁华的城市,于是路透就想在伦敦发展自己的新闻业,把国际上发生的每一件大事作为新闻传播到地球上的每一个角落。

他在伦敦金融街的皇帝交易所大楼租了两间房子,只雇用了一个十二岁的小男孩作为职员,这样他的通讯办事处就算是开张了,他担任新闻社的社长。他每天都挨家挨户地到金融大街推销自己办事处的新闻快讯,经过几个月的不懈努力,两个人组成的路透社已经收到了很多的订单。甚至是和伦敦隔海相望的巴黎也是如此,而且还有不少人订阅路透社的新闻。不久,欧洲东部国家的一些商人也纷纷写信,希望能与路透友好合作,作为路透社在东欧的代理人。就这样,路透社在伦敦很快地发展和强大起来,并且还成为了通讯行业里的巨头。

不仅如此,路透社还运用了先进的通讯设备,为的是能够迅速地报道国内外大事。此外,他还把诚实、公正作为新闻发行的基本原则,并且对于每一条新闻都经过认真的调查,直到确定准确无误后,才发布到世界各地。时间长了,任何一个人都知道路透社是一个以诚信著称的新闻单位,而且从这里发布出来的新闻绝对可信,不会出现欺骗读者的小道消息和花边新闻。为了能够读到最快最准确的新闻快讯,世界各地的人们都纷纷订阅路透社发行的报纸。

在路透去世以后,就由他的儿子赫伯特继承了他的事业,他仍然坚持把诚实、公正作为新闻报道的原则,在他经营的前十年里,每年报社的营业额都会有大幅度的增长。赫伯特死后,他的独生子休伯特在战场上为了救自己的战友也牺牲了,路透家族因此没有了继承人,这一年也正好是路透诞生一百周年。

虽然你很贫穷,可还是有许多人愿意凭你的信用借给你巨额资本的,因为信誉是你最好的资本。

如果世界上所有的人在商业交易中都很真诚,能讲真话,那么双方之间的合作就不会破裂。诚实是一条自然法则,违背它的人是会受到报应、受到应有的惩罚,就像万有引力定律不可违背一样,而诚实的定律也是不可违背的。

违背的结果也就是受到惩罚,并且还是不可逃脱的惩罚。他们或许可以暂时地逃避,最终还是无法逃避公道的。就像90%的成功人士的经验所证明的,这是一条在生活中的任何方面都行得通的法则。

正直也属于一笔值得珍惜的财富。为什么成千上万的商人在芝加哥大火中失去所有的财富,却仍然可以迅速东山再起呢?有些人甚至还成了规模更大的批发商。

他们就是有了创业的资本。然而,所谓的诚实信用就是他们的银行账户。他们被别人认为是正直的人。而且他们从不拖欠,也很勤奋,对所有的人都很讲信用。这种声誉就是东山再起的资本。这种声誉让一个身无分文的人可以买到数千万美元的货物。虽然大火毁掉了商店,毁不掉的却是正直的声誉。

人生感悟

信誉就是资本，而且是任何年轻人都可以拥有的资本。

赚钱就必须要过吃苦这一关

小老板靠勤奋吃苦赚钱，中老板靠经营管理赚钱，大老板靠投资决策赚钱。所以，年轻人在创业阶段，尤其需要吃苦精神。"白天当老板，晚上睡地板"是很多民营企业家早期创业的真实写照。也正是这种精神，才让他们在缺乏资源、没有政策支持的情况下能迅速将企业的规模做强做大。

很多年轻人大学毕业后，不是没有就业岗位，也不是没有赚钱的机会，而是没有勇气脱离家庭的羽翼，不敢面对压力和竞争，只好依赖别人过日子。他们动不动还一味地怨天怨地，指责社会如何"不公"，怪罪命运如何"不济"。

金利来领带现在已是世界名牌，曾宪梓也堪称"领带王"。但曾宪梓的发家却是充满着艰辛，曾一度推着小车在商场门口和大街小巷叫卖他的领带。正是经过了这样的不懈努力，当初的年轻人完成了一次又一次的超越，才有今天的成功。

"世界景泰蓝大王"陈玉书总结自己的成功时说：

"我是从做工人起家的，吃过苦、受过罪、失过业、遭过窘。回顾十几年来走过的道路，虽非步步血汗，也是崎岖艰难，甚至险象环生，不过终生不弃不馁，不断求索而已。"

"今天，我能够被尊为'景泰蓝大王'，决非我有何超人之处，只是天时、地利、人和三者的结合，不畏艰难不舍成功，机遇加勤奋罢了。"

"当年抵达香港时，我的口袋里只有50元港币，所以对于每1毛钱我都极为重视，现实生活告诉我，你若没有5毛钱，又怎能买到1磅面包充饥？我自认还有点儿天不怕、地不怕的气概。可也得承认，一文钱往往困死英雄汉，不管你本事多么了不起，怕就怕口袋里没钱花，我明白'小富由俭'、'勤乃无价宝'的道理。"

"记得每天一大早,我从北角乘轮渡过海到观塘去上班。为了节省1毛钱,我总是坐楼下三等舱。我节省每一个铜板,是为明天的幸福生活开路。所以,我连看报纸也舍不得花钱去买,而是身在船中,眼观六路,看看谁手中有报,等到船靠码头,自己押后,就利用这一刹那时光,几个起落,把乘客遗下的报纸拿走。如若椅上遗留一两本杂志,对于我真是如获至宝,我也常为节省两毛钱车资,不惜徒步从中环走到西环。"

"我对'历览前贤国与家,成由勤俭败由奢'这话是笃信不疑的,所以我能几十年来坚持勤俭的作风。每天收工之后回到家里,我虽然浑身疲惫不堪,但仍坚持把从船上捡来的报刊如饥似渴地细阅完。既学到不少知识,从中又学会一些广东话。"

"我找到运输工作后,就以敬业乐业的精神认真地工作。我虽然不是货车的主人,但我很爱惜车辆,一有空便把车子洗刷得干干净净,而且买来油漆,将车子四周脱落不全的字填写清晰。就这样,唤起了工头的好感。他们见我是大学生,为人又和蔼,从此便让我跟他们一起吃小灶。"

"在平时,我是很少像其他工友那样,三五成群去饮茶的,而总是独个儿在工地里喝开水啃面包,简单地解决一顿午饭。如今能吃上有菜有汤的热饭,心里自然喜不自胜。从这件小事上我悟到一条道理:凡是勤劳和有爱心的人,一定会有好的回报。回想起我在启德机场干填海工程的那段日子,尽管每晚一脸尘、全身臭汗回家,我还是满怀喜悦的,因为我毕竟能够独立地闯天下。"

"然而,正当生活刚刚步入正轨之际,不如意的警钟又敲响了,我失业了。偏偏在这个时候,太太又怀孕了。在这种恶劣的环境下,我们是无论如何不能再增加包袱了,于是被迫求助于医生。医生开价500港元,而我口袋里只有400港元。当时是多么困窘啊,就为了张罗这100港元,还找了好几位朋友,几番周折,才凑足钱数。人生何其酸辛而苦涩。"

"这个最困难的时期,我有机会到一家国货公司去当仓库管理员,当时找到工作那种快慰,真是毕生难忘。"

"第一天上班,我早早来到陈瑞祺行仓库,头一件事就是把仓库打扫干净,把地板擦得光可鉴人,把工具、台椅放得整整齐齐。在那里,我不仅尽职尽力地去干,而且由衷热情、兢兢业业,以防再一次在失业路上徘徊。"

"那时我白天穿着背心短裤。跟车或者推着小车过马路、横过大街到各铺各店送货。双脚飞快如燕，心里甜丝如蜜，丝毫没有耻辱羞惭。虚名误人，什么大学生、世家子弟、名门之后，都是假的，求自下而上最现实。"

"那段时期，我和太太孩子都在丈人家里搭伙食。尽管忙了一天我已累得腰酸腿痛，但每天晚饭后，我都要帮丈母娘把饭碗菜碟洗得干干净净。"

陈玉书最后感慨：梁启超有一句名言"患难困苦，是磨炼人格之最高学校"。诚哉斯言！

人生感悟

先吃大苦后赚大钱的一个个传奇故事印证了一句民谣：能吃苦，吃半辈子苦；不能吃苦，吃一辈子苦。

勤奋是致富之源

"一个有决心又勤奋的年轻人，其前途是不可限量的。"这是一句西方著名的谚语。在西方的教育中，孩子还小的时候，他们就被告知他们有一天会被迫独立生活。在他们获得第一分钱的时候，就应该懂得只有做了别的事情，才能得到钱作为奖励，钱不是要得来的礼物，没有付出相应的劳动是得不到钱的。让孩子们知道"生活简单、精力充沛，在解决困难中寻求激情，在刚强中体现柔韧"是十分重要的。"滑铁卢之战的胜利始于英国的运动场上。"因为正是在运动场上，年轻人锻炼出了自己结实的肌肉、坚强的意志、自律服从的品质。这样，他们后来在战场上才能拯救自己的国家。

如果一个人从小只知道要追求安逸生活、奢侈消费、挥金如土，将来还能有什么事业？这样的民族将会面临什么样的未来？他们都喜欢软弱消极的享受，失去了追求有价值的东西的愿望和能力，他们也失去了使自己成为有价值的人的愿望和能力，他们甚至失去了享受自己所选择的生活的能力。

一个勤劳的人必定是一个意志坚定、身体强壮又充满自信的人。一个勤劳的人懂得用自己的判断力做出决定，勇往直前并勇于承担一切结果。虽然他们也会犯错，而且也会因为错误而付出代价，但是他们能因此而学习到解决困难的能力，并且享受到问题解决了的自豪之感，更重要的是他们也学会了抵抗的力量。因此勤劳的人往往更容易取得成功，这种成功具体会体现在事业上。

下面这个故事说的是休·查默斯的故事。他十四岁的时候在国际收银机公司当小职员，有一天中午，一个客户走进了办公室，但是那时候销售人员都出去了。

其实，也不是所有的销售员都出去了，还有一个在公司呢。他就是休·查默斯，虽然他当时，只是一个十四岁、没有丝毫经验的销售员。其他销售员回来的时候惊讶地发现，这个小孩居然签下了一大笔订单。休·查默斯的事业非常成功，到了二十九岁的时候，他的年薪就高达72000美元。在他每周还只有五美元收入的时候，他就开始省钱了。他把自己的家用降低到一个适当的标准，开始积累资本。

阿尔伯特·哈伯德的杰作《致加西亚的信》是在他一天的辛苦劳作后写就的。我们大多数人在一天工作完成后就躺下休息，或许那就是我们现在没有多少杰作的原因。戈登·塞尔弗里奇是伦敦著名的商人，他出生于美国威斯康星州的瑞盆市。他说，工作教会了他"辛勤劳动是必要的，辛勤劳动也不需要同情，辛勤劳动应该受人尊敬。财富正是靠辛勤劳动的双手和大脑得来的"。

从以上这些故事中，我们可以得到启示，那些能够取得成就的人都是勤劳的人。因为他们学会了抗拒脆弱和软弱、抗拒花钱的欲望。一个挥霍、身心懒惰的人会一事无成。其他的人则会通向名利和财富，我们要成为这种人。人们应该庆幸自己早日意识到满足于闲散的生活态度是不对的。人们要"爱上工作带来的幸福"，并爱上他们通过存钱带来的财富。

 **人生感悟**

确实，"天上不会掉馅饼"，那些能够取得成就的人都是勤劳的人，一个身心懒惰的人肯定会一事无成。

不幸很少在充满信心的人身边徘徊

有许多人相信自己"注定"贫穷失败，源于一股他们自认无法控制的力量。其实他们就是创造自己"不幸"的人，因为，他们具有否定的负面的心理，它传至其潜意识，然后化为实质的对等物。

事实上，不幸很少在充满信心的人身边徘徊。

索尼创始人盛田昭夫带着自己公司生产的小巧玲珑的晶体管收音机进军美国市场的时候，一下子引起了代理商们的轰动，他们蜂拥到盛田昭夫的住处，仅在洽谈会的第一天，盛田昭夫就订出了数万台。有一家实力雄厚的美国代理商向盛田昭夫建议道："我们可以订10万台的货，但条件是你们必须把索尼的商标SONY换成我们公司的。我们是一家有着50年历史的公司，牌子很响，几乎是家喻户晓，用我们的优势和名声给你们的产品打开销路，对你们并不是一件吃亏的事情。"

盛田昭夫仔细考虑了这家代理商的建议，10万台的确是个诱人的数字，它会给索尼公司带来很大的利益，但如果改用对方的商标，则有着高性能产品的索尼公司的招牌就永远得不到消费者的认可，而如果不能用SONY的商标在美国市场销售的话，他宁可一台不卖。

盛田昭夫断然拒绝了这家美国代理商的建议，令对方大感意外，就连他的日本同行也认为盛田昭夫未免有些过于"狂妄自大"，他做出的这个决定是个愚蠢的决定。

但盛田昭夫坚信索尼产品的实力，也相信自己的决定没有错，而事实也很快证明了这一点。没过多久，"SONY"便充斥了整个美国市场，一下子改变了美国人对日本产品的固有印象。而正是盛田昭夫的这一决定，真正改变了索尼公司的历史命运。

你曾经对为什么有些人生活似乎特别顺遂，每件事都称心如意而感到奇怪吗？但是如果你更靠近点观察，你就会发现，这只是表面上看来如此。他们能遇到好事的机会，跟遇到问题、挫折、甚至失败的机会一样多，与其他人并无二致。但是他们面对这些困难时，会以不同的方式处理，他们不容许自己因为一次不幸的经验就丧失希望。他们总是认为事情终究会好转。当你真正遇上不幸的事，不用说，一定非常难以接受，但若你拒绝就此认输，成功很快就会到来。只要你经常抱着信心与希望，就没有克服不了的困境。

以莱思康电脑字典闻名、受到美国BYTE杂志肯定，蝉联"1993最佳国际产品奖"殊荣的艾恩德公司的创始人黄晓枫，他的成功是个非常典型的例子。

黄晓枫早年一度从事成衣外销业，由于制度未臻完善，致使纺织品的输送配额，控制在"纺织会"的大老手中，形成了垄断的局面。为了继续做生意，厂商常必须以更高的价格，来购买极为有限的配额。在不公平的措施下，许多经营者经常是处于血本无归、毫无利润可言的惨状。

于是就有投机分子开始制造伪配额证明，为使商品能顺利出口，黄晓枫只得依例购买假配额，不料却东窗事发。

1972年的一天傍晚，调查局的人来到黄晓枫家中，态度委婉地请黄晓枫前往警局"协助"调查"假配额案"。当时身为黄晓枫好友和事业伙伴的某财团负责人，曾拍着胸脯保证，将尽力为他洗刷罪名，并答应代为照顾安置家小。

黄晓枫心存感激地随同调查局的人离开家，出于朋友义气，他慷慨地在警局独力承担一切罪名，并且满怀希望地在警局中等待"救援"。

不料自那晚离家后，他便在监狱中度过了整整一年暗无天日的铁窗生涯。"屋漏偏逢连阴雨"，在美国海关中一批价值约4000万台币的货物，也因无法及时取得合法的提货文件而被全数没收充公。

从来天不怕、地不怕的黄晓枫，不仅入狱，而且被视为"恩人"的朋友所卖，百感交集的他第一次体会到了世间的人情冷暖、世态炎凉。

出狱后，对于成衣原料、品质、经销网路早已耳熟能详的黄晓枫，再也不愿意重回成衣圈，他说："伤了心，再容易也不干。"

当时已39岁的黄晓枫，就这样抱憾地退出了成衣界。

不爱读书的黄晓枫却有个梦一直萦绕心头。他察觉人们久已习惯使用的英汉字典，不仅体积大、笨重，而且查询起来也极为费事，如果有一天，有人能发明一部会说话的字典，随身携带，只要用手指轻轻一按，便可随时随地学习，岂不皆大欢喜。

他向毕业于美国麻省理工学院获电机硕士学位的弟弟黄晓麟谈起了这个梦想，得到了弟弟的大力支持。黄晓麟于是立即开始着手进行软硬件的开发。

自喻为"什么都不懂、只会整合"的黄晓枫振臂一呼，全家一起上阵，首先是父亲黄庆丰办理退休，负责字典的编纂工作，此外，曾任教师的母亲以及大学毕业的妹妹也都全力投入。

全家人辛勤工作一年后，也就是1974年后，第一台电脑字典原型机终于正式出炉，这使一度被讥评为"天方夜谭"、异想天开的想法得以梦想成真。

 **人生感悟**

越没有信心，贫穷越容易找上门。

信心多一分，就离财富近一步

年轻人必须有自信，这就是成功的秘密。

常言道：世上无难事，只怕有心人。没有翻不过的山，没有跨不过的河，只是因为不相信自己能力的人多了，世界上才有了"困难"这个词。

一般人经常害怕恐惧、害怕被拒绝、害怕失败。为什么害怕？因为觉得自己不够好，因为他不够喜欢自己。如果让你喜欢你自己，你必须重复地念着："我喜欢我自己，我喜欢我自己，我喜欢我自己，我是最棒的，我是最棒的。"

包玉刚曾是以一条破船闯大海的年轻人，当年的毛头小伙子曾引起不少人的嘲弄。包玉刚并不在乎别人的怀疑和嘲笑，这个信心十足的年轻人相信自己会成功。他抓住有利时机，正确决策，不断发展壮大自己的事业，终于成为雄踞"世界船王"宝座的巨富。他所创立的"环球航运集团"，在世界各地设有20多家分公司，曾拥有200多艘载重量超过2000万吨的商船队。他拥有的资产达50亿美元，曾位居香港十大财团的第三位。包玉刚的平地崛起，令世界上许多大企业家为之震惊：他靠一条破船起家，经过无数次惊涛骇浪，渡过一个又一个难关，终于建起了自己的王国，结束了洋人垄断国际航运界的历史。回顾一下他成功的道路，他在困难和挑战面前所表现出的坚定信心，对每个年轻人都有很大的启发。

包玉刚不是航运家，他的父辈也没有从事航运业的。中学毕业后，他当过学徒、伙计，后来又学做生意。30岁时曾任上海工商银行的副经理、副行长，并小有名气。

31岁时，包玉刚随全家迁到香港，他靠父亲仅有的一点资金，从事进口贸易，但生意毫无起色。他拒绝了父亲要他投身房地产的要求，表明了欲从事航运业的打算，因为航运业竞争激烈，风险极大，亲朋好友纷纷劝阻他，以为他发疯了。

许多年轻人失败的原因，不是因为天时不利，也不是因为能力不济，而是因为心虚，自己对自己没信心，最终成为自己赚钱致富的最大障碍。

但是包玉刚却信心十足，他看好航运业的美好前景并非异想天开。他根据在从事进出口贸易时获得的信息，坚信海运将会有很大发展前途。经过一番认真分析，他认为香港背靠大陆、通航世界，是商业贸易的集散地，其优越的地理环境有利于从事航运业。

37岁的包玉刚正式决定搞海运，他确信自己能在大海上开创一番事业。于是，他抛开了他所熟悉的银行业、进口贸易，投身于他并不熟悉的航运业，当时，对于他这个穷得连一条旧船也买不起的外行，谁也不肯轻易把钱借给他，人们根本不相信他会成功。他四处借贷，但到处碰壁，尽管钱没借到，但他经营航运的决心却更加强了。后来，在一位朋友的帮助下，他终于贷款买来一条20年航龄的烧煤旧船。从此，包玉刚就靠这条整修一新的破船，挂帆起锚，跻身于航运业了。

要取得事业成功，生活幸福，重要的是要有雄心，要敢于对自己说："我行！我坚信自己！我是世界上独一无二的人！"

人生感悟

自信并不是年轻人的唯一决定因素，但是没有信心，年轻人绝对不会有什么大出息。

自信才能致富

创业赚钱需要自信,这是放之四海而皆准的真理。

在市场经济的猛烈冲击下,我国出现了改革开放以来前所未有的商海之潮。

从机关干部到工人,从大学教授到售货员,从博士到农民,各个行业、各个阶层的人士纷纷"下海"。在茫茫的商海中,工能致富、农能致富,知识分子也能致富。社会面临的现实又是:家无隔宿之粮的人固然要致富,就是丰衣足食者亦要致富,否则不能抵御通货膨胀。一个繁盛的大都会,金融活动之所以格外活跃,就是因为投资已成为各界人士必然的致富之路。可以说,这是一个无法逃避的时代,每个年轻人都不得不重新审视自己所处的人生位置。

这个世界是一个体系,无时无刻都在运作并发展着,这个过程中将提供着很多赚钱的机会。

问题是机遇在你面前,你敢不敢以果断的行动去抓住它,使其成为事业成功的契机。这里面就有一个信心问题。

独木桥的那一边是美丽丰硕的果园,自信的年轻人大胆地走过去采撷到自己的愿望,而缺乏自信的年轻人却在原地犹豫:我是否能够过得去?而财富,都被大胆行动的人赚走了。

维克多·格林尼亚年轻时是英国瑟儿堡地区很有名的一个浪荡公子。有一次,在一个盛大的宴会上,他像往常一样傲气十足地邀请一位年轻美丽的小姐跳舞,那位姑娘觉得受到了极大的侮辱,怒不可遏地说:"算了,请你站远一点。我最讨厌你这样的花花公子挡住我的视线。"这句话刺痛了格林尼亚的心。他在震惊、痛苦之后,猛然醒悟,对自己的过去无比悔恨,决心离开瑟儿堡,去闯一条新路。他在留给家人的纸条上说:"请不要探问我的下落,容我刻苦努力学习。我相信自己将来会创造出一番成就来的!"结果,经过8年的刻苦奋斗,他终于发明了以他的名字命名的"格式试剂",并荣获诺贝尔奖,成为著名的化学家。人并非天生伟大,成功者也不是天生之才，而是自信主动意识决定了一个人走向成功！像维克多·格林尼亚这样的"浪子回头金不换"，不就是这个道理吗？怀有自卑情绪的人，往往遇事总是认为"我不行"、"这事我干不了"。其实，他没有试一试就给自己判了死刑。而实际上，只要他专注努力，他是能干好这件事的。认为别人都比自己强，自己处处不如人，这是一种病态心理。在创富过程中，这种心理是非常有害的。

面对创富的机遇出现在眼前，不敢伸手一抓，不敢奋力一搏。未战心先怯，白白贻误赚钱良机。本来可以克服的困难，变成了无法跨越的障碍，使得创富功败垂成。

年轻人如何克服自卑建立真正的自信？这种自信不仅能够为你不断发现自己各方面的优长之处，而且使得周围环境也对你有这方面的相信。反过来，环境的相信又烘托你的心理，使得你能够在这方面越来越得到发展。一定要根据自己的条件，横扫身上的一切自卑情结，这是非常重要的。任何人都有自卑情结，包括任何一个伟大的人都有自卑情结。如何对待自卑情结是成功者和不成功者、人生完整者和不完整者的区别。

自卑情结有的时候可以转化为巨大的动力，有的时候可能转化为巨大的消极因素，关键看我们年轻人如何对待它。

其实，年轻人既不要妄自尊大，又不要自卑。要不亢不卑，要找到你自己真正值得自信的那些优越之处。既不以那些愚昧、落后的东西骄傲，同时又能发现自己真正值得骄傲的东西。

年轻的朋友们，克服自卑之病吧！只有如此你才能笑傲商海，才能自信地致富。

具有高度自信心的年轻人对生活充满了信心和勇气，具有积极适应环境而又追求自我实现的精神活力。自信心低下的人对生活境遇难以适应，对于个人与周围世界的关系，有一种乖谬感。许多人的心态是在这两种生活态度之间波动摇摆，并表现出相互矛盾、交替混杂的状态——有时自信，有时自卑；有时振奋，有时消沉；有时清醒，有时困惑；有时充实，有时空虚；有时愉快，有时烦恼；有时进取，有时逃避。所谓发展积极的心理态度，其关键就是要让自信主动意识占据主导地位，而且永不让位。这才是具备了自信意识。

人生感悟

坚信自己有能力、有价值，也有缺点，并坚持自己选择的目标，经过努力奋斗和争取支持一定能够实现的积极心态，就是成功心理。简言之，自信主动意识就是成功心理。

坚持到底才能胜利

人们常说：坚持就是胜利，面对困难挫折不但要有昂扬的斗志，更要有坚持的毅力和百折不挠的韧性。能够坚定不移与困难相持到底的人，才是最后的胜利者。

杨振华小时候是个"病秧子"，苦药遍尝，因而从小就立下志向要开发出一种好吃的药。

经过数年的摸索，身为福建农学院遗传学教师的杨振华，在实验室里采用生物工程方法对普通的黄豆进行了独特的深加工，开发出含有20种人体必需的生命氨基酸的营养液，这一实践耗费了她数年的心血和努力，终于有了喜人的成果。她难忘这一时刻，便将营养液定名"851"。

刚开发出来的"851"营养虽好，味道却极其难闻，据说像臭鱼烂肉般呛人。结果，这么好的产品却不得不违背初衷，变成了一种卖给养殖场的畜生吃的"生长液"，一袋袋地搅拌在饲料里喂给猪吃、鸡吃、鱼吃、虾吃，看着它们享受高级的营养品，神奇地猛长特长。

杨振华不甘心，但又无可奈何。她暗地里悄悄地把"851"夹在糖里、饼干里送给同事们吃，看他们的反应，结果人人都感到"精神倍增，状态甚好"。

于是，杨振华毅然辞职下海，自己开发"851"营养液。可是一个文弱女书生，何曾上过市场、搞过经营？虽然勇气可敬，经验却近乎等于零，因而久久地找不开市场销路。后来逐渐闯出了一点销路，却又经历产品质量挫折，进出法庭，饱受官司之苦。在这一多灾多难的苦日子里，杨振华每天夜里不知偷偷流下多少辛酸的眼泪。可她也知道，生意场是强人的世界，市场不相信眼泪，除了做个强而又强的女强人，她别无出路。所以，她总是一边流着凄苦的泪，一边默默地祈祷：明天会更好，面包会有的，一切都会有的……次日天一亮，她又肿着眼睛爬起床出去拼、出去闯。

就这样，坚持的结果是她终于获得了机遇的眷顾。"851"卖到了东南亚，泰国正大集团财务长偶然吃到了，久治不愈的肝病竟然因之神奇地痊愈了，这位财务长喜出望外，迅速找到杨振华，要求与她联合开发、经营。

正大振华851生物工程有限公司成立了，气派的公司大楼在福州温泉之路上拔地而起，经营实力非同一般。

人生感悟

人生总是充满了期待。期待落空就会失望，期待实现就会高兴。但是哪怕经历了无数次期待的落空。只要有一次期待变成了现实，那么他的人生就会从让人绝望的深渊攀升到风光无限的山顶。杨振华用她的坚持创造了一个知识改变命运，聚敛财富的神话。用她的成绩告诉世人只有坚持到底才是真。

绝不知难而退

知难而退会享受到放弃的轻松和惬意，但更大的成功和辉煌的胜利也会被对手独占。真正的强者是不会甘拜下风的。只有迎难而上并且咬牙坚持，才会"翻身雪耻"。

裘伯君于1980年考入国防科技大学。

毕业时，他被他配到原石油工业部物探局仪器厂。

1986年，他辞职下海，闯荡世界。

1989年，裘伯君经过1年多的艰苦奋斗，推出了软件WIX31.0版。WPS的出现，立刻使人耳目一新。

它给人印象最深的是简单易学，没有什么花里胡哨的东西，因此，在中国市场上迅速掀起了一股狂澜。

正当WPS一步步走向辉煌的时候，裘伯君不曾预料到的挫折也一步步降临了。

世界上最大的软件公司Microsoft（微软）开始向中国市场推销他们的王牌文本处理软件Word和办公软件Office中文版。

求伯君迅速做出反应，他设计了一个叫"盘古"的软件与之抗衡。盘古是中国古代神话中的开天辟地者。不难看出，这是一个很有中国气派和中国风格的集成办公软件。

求伯君立志要与比尔·盖茨一争高下！

可惜的是，"盘古"不可挽回地全盘溃败。这次"盘古"失利的原因很多，诸如软件的功能设计、市场策划等，但一个很重要的原因是他的对手也太强大了。

求伯君没有低头，他决定落在难点上，开发一个更难的项目：WPS Window。

WPS Window版的开发，异常艰苦卓难，甚至可以说有几分悲壮。求伯君原计划此软件一年完成，但是，一年之后推出的还是一个很不成熟的版本。市场反应很差，投进的数百万巨资回报很少。一时间，求伯君陷入困境。

1996年，WPS新版本的开发进入决战的阶段，公司的资金也日渐短缺，求伯君毅然卖掉了自己的别墅，把家搬进公司大楼，颇有破釜沉舟的气概。

1997年春，试用过WPS测试版的用户都赞不绝口，这使得求伯君和WPS开发小组倍增信心。

1997年秋，WPS97隆重上市。

从1994年到1997年，开发工作进行了整整四年！

市场对推出的WPS97反应热烈，而与WPS97同时推出的微软公司的WORD97却遭到了灭顶之灾，在许多软件商店，WPS97和WORD97的销售量相差上百倍。

求伯君打了一个漂亮的翻身仗。

人生感悟

<u>经受不住挫折，丧失了战斗的勇气。迎接他的只能是象征耻辱的失败。求伯君享受过成功的喜悦，也经历了失败的打击。但是打击过后，</u>

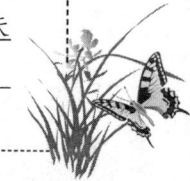

他并没有消沉。依然精神抖擞地投入到工作当中去。最终，裘伯君用成功将失败的苦涩记忆掩埋在时间的荒地里。战胜了微软，创造了财富。

迎难而上，彰显勇气和智慧

成功的辉煌往往能对一个冒险者产生巨大的诱惑和召唤力，困难在他们眼里会变成往记功簿上填写的内容。这时他们不但会表现出巨大的勇气，还能发挥非凡的智慧。

世界上最大的船舶制造商之一是韩国现代企业集团。这家大集团的主人是一名赫赫有名的大富豪，也是世界上知名度颇高的一位大财阀，他就是郑周永。

郑周永创业至今，已使得"现代集团"拥有29家子公司，且分布在海内外，据推测，他个人的资产总额已超过50亿美元。他是如何积累起这巨大财富的呢？

创业之初，他进军建筑行业，通过各种关系以及自己的活动，终于在1953年，一座大桥的修建工程被承包下来。为了能顺利完工，他巧思善虑，设计工程方案。然而，"人算不如天算，天有不测风云"，时间不长，修建大桥的各种费用陡然上涨。按当时的物价计算，所需工程费总额竟比签约承包时高出了7倍。在这危急存亡之际，友人劝告：必须马上停工，以免再受损失。

然而郑周永的决定大大出人意料：为了信誉，宁愿赔本。就是破了产也在所不惜，必须按期完工。结果，可想而知，工程按时完工，交付使用，可是却使得郑周永差点垮台。但是，自然而然地也给他带来了另一个好的方面，那就是他讲信誉的名气一夜之间传遍天下，尽人皆知。

如此一来，虽然这一次郑周永损失惨重，但得来了信誉之后，他很顺利地承包了大批生意，终于能够起死回生。不久，韩国四大建设项目被承包，开价3.7亿美元，而且还承建了汉江大桥第一、二、三期工程，赚取了大量的美元，从而在同行业中独领风骚，无人能敌。

发家后的郑周永并未就此止步，而是继续秉持这种"舍不得孩子套不着狼"的精神，冒险前进。

郑周永称霸了国内建筑市场后，决定开拓海外市场。1965年，郑周永首次承包了泰国的一条高速公路，尔后相继在关岛、越南、新几内亚、巴西等国家承建了大批工程，并且都大获全胜。从此，就揭开了进军世界的序幕，而且一发而不可收拾，利润大增。

在激烈的竞争中，郑周永表现出非凡的魄力。最惊心动魄的一幕是郑周永承建的沙特阿拉伯的杜拜海湾工程。这项工程之艰巨是难以想象的，这项工程包括岩岸边、防坡墙、道路、停泊设施、码头工程以及海上输油总站。建成这个总站预算总投资达15亿美元，工程浩大，世界上罕见，仅是它的底部工程就总共需沉箱89座，每个沉箱相当于一座20层楼房的体积。这些沉箱必须用韩国境内大量廉价设备和建材浇铸出来。而且，这些庞然大物还得漂洋过海，经过台风频繁的台湾海峡和菲律宾海域，往返一次需35天，可以说是路途遥远，大有风险。这项工程是否能承建关系着郑周永的前途命运，怎么办？

魄力惊人的郑周永经过冷静思考，决定大干一场。经过与其他实力雄厚的建筑公司的激烈角逐，郑周永终于以9.3亿美元的"倾销价格"承包了杜拜海湾工程，令世人刮目相看。在承包下来之后，困难依旧重重，甚至有人预言：郑周永这次要彻底垮在沙漠里了。韩国的企业家杂志纷纷刊出这样的文章：《沙海折戟，现代集团前途堪忧》、《郑周永再出大手笔，拼力承建杜拜坟墓》……

面对困难，郑周永信心百倍，表现出超凡脱俗的大家风度。对于如何运输沉箱，郑周永又做了一大创举，显示出惊人的魄力，也确确实实舍得"孩子"。郑周永大胆、果断地决定采用立体平台船装载运输沉箱，用1万马力的拖船拖运。这种平台船每次可装5座沉箱，这种沉箱每座按韩国货币计算，造价5亿元，也就是说每次运输将有损失25亿元的风险，这对郑周永来说，不可能不是一件非常头疼的事情，更何况89座沉箱，需运18次，风险之大，可想而知。

但是郑周永既然舍得"孩子"，就不会畏惧这样的风险。再者，如果成功了，那将会赚到数不尽的金钱。结果，沉箱一船一船运到沙特阿拉伯的杜拜海湾，除掉一次在新加坡与一艘台湾渔船相撞，因平台船倾斜，被迫丢掉一座沉箱外，前后运送7次都安全到达，沉箱运输获得了成功。郑周永和他的员工们克服了一个又一个困难，最后终于建成杜拜海湾工程，而且工期比原计划的36个月提前了8个月。

 人生感悟

魄力惊人的郑周永留给人们的不仅仅是一个又一个成功的商业神话，还有使人们一生受用不尽的精神财富：取信于人。孤注一掷，绝地冒险，开拓局面，决策大胆，勇气惊人。我们除了对郑周永的商业冒险表之以惊叹和赞赏之外，更重要的是要从他身上学习这样一种精神：敢于落到难点处，敢于战胜难点的魄力。

第六篇

[你不理财，财不理你]

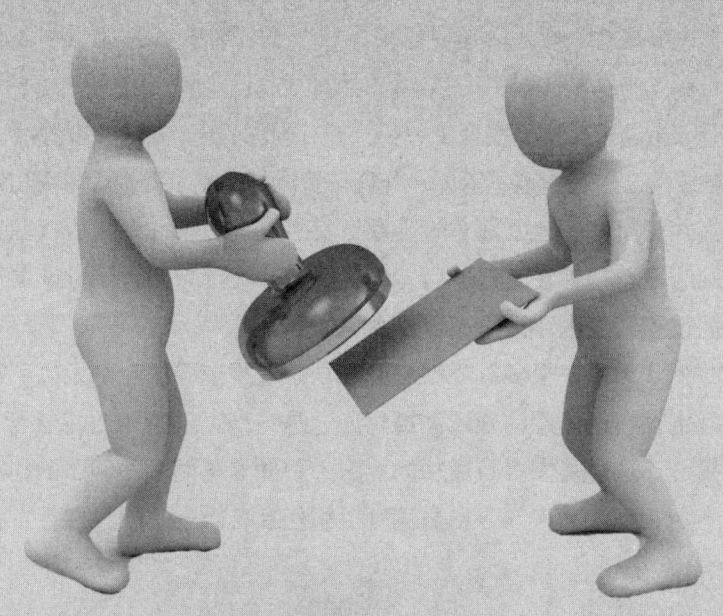

养成理财习惯

绝大多数人都希望身体健康,也知道如何才会健康,但真正健康的人并不多,为什么?因为没有运动的决心,也不曾用心安排时间运动。这和累积财富是一样的。多数人都想致富,却不懂得理财,既无法克制花钱的欲望,也不肯花时间来规划预算。所以你应该养成良好理财习惯。下面的几个问题即是让你养成良好理财习惯的开始。

有一位千万富翁,他在19岁就开始经营食品批发生意,连中学都没有毕业。也许你会问他以这么低的学历如何成为千万富翁,他一定回答:"我做事一向有既定目标,制定非常明确的每日、每周、每月、每年及一生目标,甚至连上厕所都按部就班。"

目标明确是多数百万富翁的共同点。

哪些人没有目标呢?一种是高收入及继承财产的人;一种是目标多已达成的年迈富翁。下面是一位80岁富翁K先生的说法:

来访者:请问你现在的目标是什么?

富翁K先生:我很久没钓鱼了!

富翁K先生戴好助听器后,采访者又重复一遍问题。

富翁K先生:噢,你是说目标,我听成浮标,我想想看……目标……我的目标大半都是达成了……年轻时的长程目标当然是累积足够的财富好退休享受人生,现在已经实现了……我拥有国际名声,我的焊接事业是全世界数一数二的。但我永远不退休,我现在目标是享受家庭生活与成功果实。

富翁K先生是年迈富翁的典型。大多数富翁都计划为后代预留教育基金,同时也希望现在及退休后能无忧地享受生活。但他们唯一共同之处就是他们很清楚要达到目标每年必须储蓄多少钱。

许多富人不花很多时间做财务规划,效果似乎也比别人高明得多,而且同时也在自己熟悉的领域做投资。这是很多百万富翁的共通点,精明地进行投资,这也是大多数成功的原因。譬如专精商业不动产的拍卖,当然最熟悉商业不动产市场,自己就可以担任投资顾问。假设你是古董家具与机械拍卖商,你会选择投资高科技股票吗?大概不会,比较可能的是运用相关知识做同领域的投资。

人生感悟

　　大多数人花在财务规划的时间不及百万富翁。或许会有人说,富人投资经验本来就比较丰富,他们的确比一般人花更多心力让理财的能力更精进,这也是富人能保有财富的主要原因。

要有足够的耐心

　　打拼了50年,致富成功的李嘉诚对成功的看法有独到的见解,他说:"在20岁前,事业上的成功百分之百是靠双手勤劳换来;20至30岁之间,事业已有些基础,那10年的成功,10%靠运气好,90%仍是由勤奋得来;30岁之后,机会的概率也渐渐提高;到现在,运气差不多要占三至四成了。"

　　理财致富也是如此:20岁以前,所有的钱都是靠双手勤劳换来。20至30岁之间是努力赚钱和存钱的时候。30岁以后,投资理财的重要性逐渐提高,到中年时赚的钱已经不重要,这时候反而是如何管钱比较重要。李嘉诚一生都在为他的财富奋斗,可见想要成为有钱人,就必须要有足够的耐心。

　　每个人都渴望轻轻松松地赚到第二个100万、1000万,达到财源滚滚的境界。问题是要赚第二个100万之前,要先有第一个100万。但是,怎样才能赚到第一个100万?若你想利用投资理财累积100万的话,则需要"时间",必须要经历长时间的煎熬,熬过赚第一个100万的艰苦时期,自然能够享受赚第二个100万的轻松愉快。

　　绝大多数的富人,其巨大的财富,都是由小钱经过长期的时间逐渐累积起来的,初期大部分人所拥有的本钱都很少,甚至微不足道。然而成功就是由一连串的小成就所积而成,大财富是由小财富的累积,再加上复利作用而成的。

　　由此可见,时间在投资理财中的重要性。耐心是理财的必备条件,能有耐心熬过长期的等待时间,创造财富的力量就越来越大,这就是"复利"的特色。然而今天我们身处事事求快的"速食";事事强调速度与效率,吃饭上速食餐厅、寄信用快递、开车上高速公路、洗照片到快速冲洗店、学东西上速成班。人们也随之变得越来越急功近利,没有耐性,在投资理财上,也因而显得急躁而缺乏耐心,想要马上见到成果。当然在其他事务上求快,或许较有效率,但投资理财却快不得,时间是理财的必要条件,越求快越达不到目的。根据观察,一般投资人常犯的毛病是"半途而废",遇上"空头"时期很容易灰心,干脆卖掉股票、房地产,完全离开股市、房市,殊不知缺乏耐心与毅力,是难有成就的根本原因。

理财一个很重要的条件是时间,如果对它没有正确的认识,自然会产生急躁的现象,一急躁就会冒极大的风险,原本可以成功,也会因急躁而失败。

无论财富的累积也好,经验的积累也好,都不是一朝一夕所能完成的,必须用时间去换取。幸好"老天爷"在这一点,倒是非常公平。无论出身贫富、贵贱,大家都一样,一天只有24小时,一年均是365天。时间是人生最大的财富,而一生的荣辱、贵贱、贫富、苦乐,就看每个人如何运用这笔财富。

想要理财累积财富,时间是不可或缺的要素,快不起来的。投资理财可以安稳致富,但需要长期的时间。若想快速致富,唯有铤而走险,采取超高风险的投机或赌博手段。然而,投机或赌博的最后结果必然只有一个:一败涂地,只是时间快慢而已。

小朋友都爱看灰姑娘的传奇,大人们爱看一夕致富的神话:因为一个不起眼的女孩,能够顿时飞上枝头变凤凰;一位遭遇平凡的人,能够因为某个机会,立刻赚得大钱,多么振奋人心,多么引人入胜!因此,拍电影、写小说为求戏剧效果、吸引观众,必须被迫放弃冗长无聊的细节,而将一个白手起家的富人或一家成功的企业,全归功于一两次重大的突破,把一切的成就全归功于少数几次的侥幸。戏剧手法将漫长的财富累积过程完全忽略了。但是,小说归小说、电影归电影,现实生活中不可能有那么肤浅而富戏剧化的事情。

对于一心想快速致富的人,我们的忠告是:投资理财并不适合你。因为,投资理财是个慢工出细活、欲速则不达的事。利用理财创造财富的力量,虽然比你的想象要来得大,但是所需的时间却比想象的来得久。

投资理财能够缓慢而稳健地致富,但是用小钱投资,而想在短时间内赚取亿万的财富,我们可以在此斩钉截铁地说:"不可能!"试想,母亲可否不经历怀胎十月生出婴儿?农夫可否缩短稻苗成长的时日?

财富的增长与生命的成长是一样,均是点点滴滴、日日月月、岁岁年年在复利的作用下形成的,不可能一步登天而快速成长的。这是自然界的定律,上天从不改变其自然法则。

多少投资人在一夕间赚大钱,也在一夕间破产,其成功是由于侥幸,其失败在于"可能侥幸一时,但不可能经常侥幸"。任何一夕致富的投资机会,必定潜藏着更高的一夕致贫的风险。

 人生感悟

只要耐得住性子,将钱投资在正确的标的上,不需要操作也不需要操心,自然会引领财富的成长,成为百万富翁。对投资理财而言,欲速则不达、"快"一定不好!

不要入不敷出

在小说里,迷人和不负责任常常会同时出现在一个吸引人的角色身上。但是,在现实生活里,没有其他事情会比理财上的失误更使人伤心或是讨厌了。开销超过收入的人无法逗人发笑。脑筋糊涂、奢侈浪费的妻子,也不会动人、迷人,她是缠绕在丈夫脖子上的一个重担。

现在,我们的钱所能买到的东西,比起10年前甚至5年前都要少得多了。女士们面对着一个不成比例的挑战,必须好好利用那些钱。价格膨胀,生活水准提高,孩子所需要的教育费用更加昂贵。

大家都认为,只要我们的收入增多一些,所有的忧虑就都可以解决,这是一个普遍存在的错误观点。其实,事情并非如此。

艾尔西·史泰普来顿曾经担任华纳莫克和吉姆贝尔百货公司职员和顾客的财务顾问。他认为,对大部分人来说,增加收入只是造成花费的增加

而已。

加拿大的蒙特利尔银行劝告顾客们，要学习精明地花费他们的收入，也许他们会遇到处理一大笔收入的机会。曾经有一位知名的心理学家在书中写道："处理家庭的收入是个简单问题，有钱的时候就多花，没有钱的时候就少花一些。"他的理论的确简单，但是这种做法，等于没有好好处理一个人的收入。他的话里有一种毫不在乎的意味，使我们想起小说里那些迷人的放浪人物，等到我们静下心来想想他话里的含义，才发觉有点不对劲儿。

有计划的，或是有预算的花费，可以保证你和你的家人能够从你的收入里得到公平的分享。预算并不是一件束缚行动的紧身衣，也不是毫无目的地把用掉的每一分钱都做个记录。预算是一张蓝图、一个经过计划的方法，用以帮助你从你的收入中得到更大的好处。正确的预算方式，将会告诉你如何达成目标，包括你家小孩子们的大学教育费用，你老年的保险金，你梦想中的假期。

预算开销将会告诉我们，可以删减那些比较不重要的项目，去填补想要做的大花费。如果从没有做过预算，就应该马上开始学习如何处理家庭财务。一个最重要的方法，就是要知道如何使收入发挥最大的效用。如果会赚钱，但是不会节省，就应该学会管紧钱包。如果本来就节省，就应该为自己增加信心。

 人生感悟

不可以依赖你无意中发现的、任何一种已经印好的预算计划表。为了要更有价值，预算计划必须是专门为你订做的，不适合于其他任何人。没有其他的家庭会和你们家庭完全相同，你的经济问题就像你的面孔和身材那样，是完全不同的，是独具特色的。

第七篇

享受生活，善用金钱

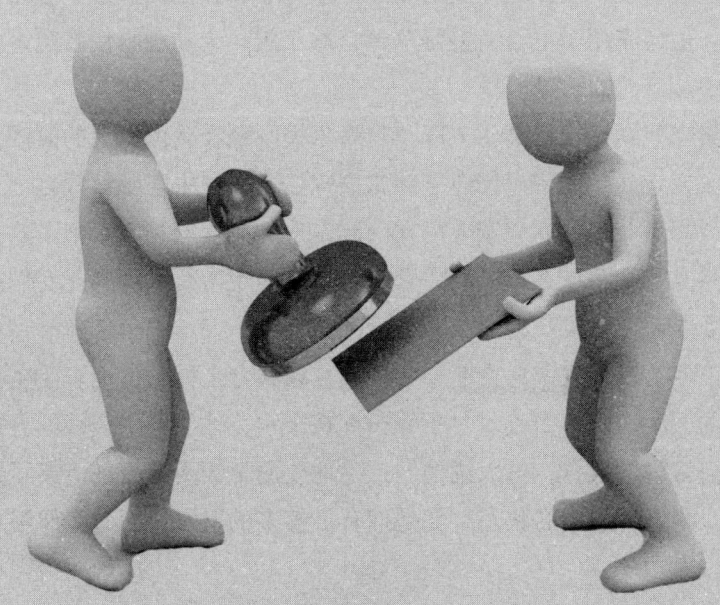

人不能以赚钱为终极目标

每个人都知道,赚钱是为了让自己生活得更好。因此赚钱只是手段,而不是目的。但是很多人都忘记了这一点,把赚钱当成了人生的终极目标。这类人即使拥有了财富,也不能拥有幸福的生活。可以说他们不懂得财富的真正意义。

真正富有的人,他们懂得更好地享受生活。而这种生活又区别于一般人的肤浅和炫耀。

石油大王洛克菲勒经历了传奇的一生。在获取了巨额财富的同时他也尽情享受生活,有人常看见他在宽广的草坪上打高尔夫球,看见这个九十几岁的老人追着几个孙子玩。

19世纪90年代以后,随着计划退休的年龄临近。1893年,他终于选中了一块地方,用168万美元买了一幢楼房,又花钱买下了四周不少的土地,到了19世纪末,他庄园的面积扩大到了1600英亩。他精心经营着自己的庄园,可是1902年却毁于一场大火。

对于一般人来说,这应该算是灭顶之灾了。可是富有的洛克菲勒又在原址上建立了一座更加完美的庄园。洛克菲勒在里面修建了假山、喷泉和花园。他还雇用了上百人整修草坪,每年用几十吨肥料使修建过的草坪呈现出一片自然的碧绿。

洛克菲勒喜欢打高尔夫球,当高尔夫刚刚在美国兴起的时候,他请外国专家在自己的庄园里修建了高尔夫球场,并请来名师教授自己。晚年的时候,洛克菲勒喜欢和家人们在一起,他的儿女们相继搬到了这个庄园里面。洛克菲勒每年在自己的庄园里为自己庆祝生日,他的儿女们在又严格又慈爱的环境中成长。

很多有钱人都像洛克菲勒一样,在赚钱之余能尽情地享受生活、享受美好的人生。要享受人生并不等于挥霍金钱,他们花费金钱的方式中找不到任何炫耀的成分,可以说他们正确地使用金钱为自己创造出了更美好的生活。我们理想中的状态,就是拥有足够多的财富,而又能像洛克菲勒那样享受人生。理想就是理想，工作还得继续，生活还得继续，但是我们却能让财富温暖着我们的人生。

享受人生不等于豪华的居处、精美的食物、华丽的服装以及名贵的跑车，虽然这些可能成为每个人梦想的一部分，但是这些东西并不能温暖我们的人生。一次繁忙之后的远足旅行，一份为爱人精心挑选的礼物，饥饿时一顿美味可口的午餐，都可能是我们人生中最为珍贵的财富。

财富和幸福的关系很微妙。财富的增长并不意味着幸福感的增强，也许在刚刚开始积累财富的阶段，财富的增加让我们备感幸福和满足，但是随着自己的消费欲望也水涨船高，财富增长的速度落后于欲望的增长，这个时候，我们没有感到幸福，反而感到压抑和痛苦；而当财富足够多的时候，似乎财富只是一些数字而已，幸福可能来自于积累财富的过程而不是在享受财富的过程。

人生感悟

财富并不是我们人生的终极目标，追求财富的过程只是为了更好地享受生活。

视工作为乐趣，享受工作过程

在工厂里工作或在田地里耕作的人，没有谁会比橄榄球或足球队员更为辛苦。也没有谁在劈柴的时候花的力气比高尔夫球员挥杆击球耗费的力气大。真正的工作本身就是最大的乐趣。并且大多数的工作也都能转换成真正的乐趣。

真正勤快的人是不会感到不开心的，因为"辛勤劳动可以让人身体健康、头脑清晰、心灵充实、钱包鼓鼓"。劳顿的肌肉能让人睡个好觉，不管你是因为打橄榄球、打高尔夫球还是挥动锄头斧子而感到劳累。不会工作的人就不会享受娱乐，因此他的生活就没有乐趣。

一个人想要得到快乐或者获得完全的独立，首要的事情就是要找到自己的人生事业。如果一件事你能做得比别人都好，那么你就是个有能力的人；如果轻易地做得比别人好并感到很快乐，你就拥有了自己的事业。在露西塔尼亚沉船事件中死去的一位伟大的人物说过："能够找到自己事业的人真是受上天的眷顾。"

我们好多人都以为自己不能在社会上获得一席之地，因此就没有为社会尽自己当尽的一份力。工作给我们的回报是健康的身体、愉快的心情、荣华富贵以及老有所依的晚年。

英国哲学家克雷尔曾经说过："在工作本身找到乐趣的人有福了，因为他不必再求其他的福祉了。"关于享受工作，我们来听一听职场"过来人"的忠告：

IBM公司的人力资源部负责人李然说：

"对于每个人都向往的成功，我觉得获得成功的资本最重要的是热情，只有热爱生活、热爱工作才能真正去享受生活、享受工作的乐趣。在自己喜欢的公司，做自己喜欢的工作，成功只是时间问题。我热爱我的工作，我理解的工作可以分为：工作、职业和事业三个阶段。工作对于个人来说是物质和精神两方面的满足。在工作中实现自我价值，帮助别人实现梦想，这种享受工作乐趣、享受生活乐趣的满足感是工作最大的收获。"

奥美广告公司的创意总监林跃华说：

"我在广告业做了将近15年，我觉得让我没有动摇的原因是我喜欢这个工作。我能从工作中得到满足感。所以我希望新人们是真的喜欢这个工作才来这个圈子的。而且在我们公司，只看工作结果，所以只要新人做得好，自然就会加薪升职。"

万科房产开发公司销售经理张悦然说：

"人要能做自己愿意做的事情，自然会加倍努力。我就是这样一个人，我喜欢忙碌的工作，我喜欢每一天都充实的度过，对我来说，工作是快乐的，苦一点、累一点也是一种享受。有时候，生活中的这种享受、这种感觉一旦错过就不会再有。"

能够从事自己喜欢的工作，本身就是一种享受。永远都要相信一个真理：当你对世界微笑的时候，世界就对你微笑！热爱你的工作，从平凡的工作中感受到它的不平凡之处，那样就会感受到工作后的快乐。这可以理解为两层意思：一种是本身就喜欢的工作，你每天在做就会感到工作是快乐的；其次，一件你认为不是你能办到的或可能办不好的事情，通过努力，你完成了，那时候你一定会感受到工作的快乐。

工作着是美丽的，工作着是快乐的。从事一项工作，不如喜欢并享受这项工作。喜欢工作、享受工作与痛苦工作、被迫工作，其道理相当于自愿锻炼身体与被动劳作的差异效果。用付出的体力来衡量，两者可能差不多，但是心情愉悦的程度却大相径庭。因为其前提一个是"自愿"，一个是"被动"，自然也就产生两种心情，一为享受，一为付出。

平时常听到一些人因工作繁忙而叫苦不迭，只有"忙"才会让你有成就感，应该忙得开心！不要害怕繁忙的工作，就像我们没必要害怕成长一样，付出就一定有收获。

人生感悟

不论做什么事，心态确实是很重要的。以一种快乐的心态去工作，把工作快乐化，让自己每天以崭新的眼光、积极的心态去对待属于自己的事业，努力工作才能实现财富人生。

输得起才能赢得起

任何一次行动都会有失败的可能，任何一次投资都有不可预测的风险。这个市场变幻莫测、竞争激烈，要求成功者有良好的心理素质，有较强的承受能力。要赢得起，也要输得起。大喜大悲的人，最容易失败。一个皮实的心态是需要慢慢磨炼的。

只有那些经历风险，最后坚强地走向未来的人才是真正的成功者。如果缺少面对风险的坚韧，就不会成就伟大的事业。只有那些能够承受失败，并且战胜失败的人，才能最终成就自己的事业。

英国劳埃德保险公司曾从拍卖市场买下一艘船，这艘船1894年下水，在大西洋上曾138次遭遇冰山，116次触礁，13次起火，207次被风暴扭断桅杆，然而它从没有沉没过。劳埃德保险公司基于它不可思议的经历，及在保费方面带来的可观收益，最后决定把它从荷兰买回来捐给国家。现在

这艘船就停泊在英国萨伦港的国家船舶博物馆里。

不过，使这艘船名扬天下的却是一名来此观光的律师。当时，他刚打输了一场官司，委托人也于不久前自杀了。尽管这不是他的第一次失败辩护，也不是他遇到的第一例自杀事件，然而，每当遇到这样的事情，他总有一种负罪感。他不知该怎样安慰这些在生意场上遭受了不幸的人。

当他在萨伦船舶博物馆看到这艘船时，忽然有一种想法，为什么不让他们来参观参观这艘船呢？于是，他就把这艘船的历史抄下来，和这艘船的照片一起挂在他的律师事务所里，每当商界的委托人请他辩护，无论输赢，他都建议他们去看看这艘船。

在大海上航行的船没有不带伤的。创业者可能屡遭挫折，却能够坚强地、百折不挠地挺住，这就是他们成功的秘密。要想建立自己的事业，就必须能够承受失败带来的伤痛，才能有战胜失败的勇气和决心。这样的人也可以肩负更多的职责和任务，他们的人生必定是丰富而充实的人生。

 **人生感悟**

人要学会走路，也得学会摔跤，而且只有经过摔跤，才能学会走路。用笑脸来迎接失败，用百倍的勇气来应付一切不幸，要赢得起也要输得起。那些成功的人不一定多有才华，但是他们都有一个共同点：那就是能够承受失败。

经历是最有力的生命体验

生命对于每个人来说结局只有一个：轻轻地来，轻轻地走，不能带走任何东西。对于自身来说，那些勇于追求财富的人总是比那些安于现状的人更富有强大的生命张力。因为不断追求，意味着不断向着新的生命体验发出冲击。那些勇于追求财富的人更容易成功，虽然结果并不一定如愿，但是他们却有着别人无法比拟的财富——经历。

一只狐狸发现了一座葡萄园，这葡萄园四处都围着篱笆，只有一个极小的洞口。这只狐狸试图进去，可身子太大，怎么进去呢？

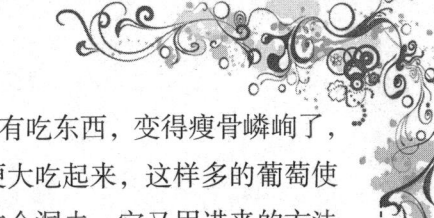

狐狸在这道篱笆外游荡了三天，它三天没有吃东西，变得瘦骨嶙峋了，然后从洞里钻了进去。一进入葡萄园，狐狸便大吃起来，这样多的葡萄使它变得肥硕起来。吃饱后，它没有办法钻出这个洞去。它又用进来的方法把自己饿了三天，直到变成原来那瘦骨嶙峋的样子才钻了出去。

这只狐狸走的时候，它回头对这座葡萄园说："噢，葡萄园啊，葡萄园啊，你这么的美，你的果子是这样的好吃，你的一切都值得赞美，可是你给了我什么呢？谁进去了，都得离开。"

猴子听到了狐狸抱怨的话语，笑着说："狐狸先生，你应该为自己感觉到骄傲才对。你是这个森林中第一个吃过葡萄的动物。"狐狸觉得很有道理，虽然自己现在还是瘦骨嶙峋的样子，但是至少自己已经品尝过美味的葡萄了。

对于很多事情，也许结果并不是那么令人满意，但是在追求结果的过程中，每一次都会给我们带来不同的体验。那些勇于追求财富，并不断为之付出努力的人，即使他们可能会经常投资失败，但是他们拥有了丰富的人生体验。

一个有钱人在墨西哥度假的时候遇见一个渔夫。让有钱人感到奇怪的是，渔夫每天只打一篓鱼就不再打了，而是停下来，点上一袋烟，躺在渔船上，跷起二郎腿，悠闲地吸着。

有钱人终于忍不住问渔夫："为什么不多打点鱼回去？"

渔夫问："多打做什么用？"

有钱人答："你可以拿到镇上去卖啊。"

渔夫问："然后呢？"

有钱人答："你可以用卖得的钱，买另一条船，雇用一些人帮你打鱼，然后不断地扩大你的渔船队伍，赚了钱之后可以去纽约作投资，成为世界上最富有的人。"

渔夫问："成为最富有的人又能怎样？"

"当你有了钱，就可以像我一样买个度假村，然后钓钓鱼，散散心，和家人一起玩玩，喝喝小酒啊。"

渔夫傻笑着说："我现在过的就是这样的日子，上午打点鱼，中午和朋友喝喝小酒，傍晚跟孩子一起玩耍……"

第七篇 ◆ 享受生活，善用金钱

有钱人笑了，虽然表面上他和渔夫的生活差不多，但是当他回顾自己艰辛奋斗的人生经历，失败的痛苦和成功的喜悦，眼前的这位渔夫又如何能理解？

追求财富不单是为了享受生活，更是自我实现的过程。而这个过程会让我们的人生更加精彩。除了工作、经商、挣钱外，我们应该勇敢地创建自己的事业，把大量的时间和精力放在自己的事业上，这会使得我们的人生更加充实和美好。

追求财富的道路上并非一帆风顺，但是只有那些勇于尝试的人才能掌握自己的命运和未来。安于现状只会任由命运的摆布，不要被动地等待着自己的生活会出现什么美好的改变，如果不愿意尝试，一切美好只会远离我们。

人生感悟

追求财富并不是简单的为了享受人生，更重要的是拥有充实而美好的人生经历。那些勇敢追求财富的人总是比那些安于现状的人富有更强大的生命张力。追求财富的道路上不会一帆风顺，但是只有那些勇于追求的人才能掌握自己的命运和未来。

过着心存感激的生活

想一想，是什么赋予你积极向上、源源不断的能量与活力，从而使你心怀感激？当感受到生命中得到的美妙祝福与馈赠，你的心中便有了爱，你会很快感到心灵的释然，内心感到朦胧的温暖。在感受到温暖和爱意的时刻，你的心向创造力敞开了大门。

感恩，让我们以知足的心去体察和珍惜身边的人、事、物；让我们在平淡麻木的日子里，发现生活的丰厚和富有；让我们领悟和品味命运的馈赠与生命的激情。但是感恩作为基本的社会道德，很多时候并不被人们重视。我们更多地强调要无私地奉献，却漠视了别人给予的帮助和关心，特别是对于自己身边那些默默帮助我们的人。有位著名人士曾讲过这样一个故事：

从前，有一棵苹果树，一个小男孩天天跑来找它玩耍。小男孩收集它的叶子，编成皇冠带在自己头上，好像森林的王子一般。秋天的时候，小男孩爬上它的树干，吃它的苹果，困了就在它的树阴下乘凉，还和它捉迷藏。

日子就这样一天一天的过去了。

有一天男孩来到树下："我要买东西来玩，我要钱，你能给我钱吗？"

"真抱歉，"树说，"我没有钱，我只有树叶和苹果，拿我的苹果去卖，那样你可以得到钱。"男孩爬到树上把苹果都摘了下来，带走了。

男孩很久再没有回来，树很伤心。有一天，男孩回来对树说："我想有间房子，你可以给我房子吗？"树说："我没有房子，森林就是我的房子，不过你可以砍下我的树枝去搭建房子。"于是男孩砍下它的树枝带走去建房子。

又过了很久，男孩变成了老人，他回来对树说："我又老又伤心，我想要只船离开这里，你可以给我一只船吗？"树高兴地回答："砍下我的树干去造条船吧，那样你就可以远航了。"于是男孩砍下它的树干造了条船走了。

过了好久好久，老人回来了，对树说："我好累，我现在只要一个安静的可以坐的地方。"

"好啊。"树一边说一边努力挺直身子，"正好，老树根是最适合坐下来休息的，坐吧，孩子，坐下来想一想以前的快乐。"

老人想起了过去的点点滴滴，仿佛就发生在昨天，忽然他抱着树根大哭了起来。

这个名人讲述的故事告诉我们：不要像个被惯坏的孩子，只知道索取，而不知道感恩。我们大部分时间都在办公室里度过，工作是生活中最重要的组成部分。可曾想过要对工作感恩，可曾想过要对老板、同事、客户甚至竞争对手感恩。如果有，很好，坚持这一良好的习惯，它会给你带来更美好的生活；如果没有，不用内疚，现在开始，转变自己的思维，去感谢工作，它可以改变你的生活。当我们每天都带着感恩的心工作，就会不再抱怨，不再自大，不再自卑，不再盲从，挺起胸膛做人，直起腰板做事。

感恩是一种善于发现美丽和欣赏美丽的智慧。工作中虽然有太多的不如意，如果我们怀着一颗感恩的心，去发现其中的美好，感受平凡中的美丽，那么原本平凡的工作就会焕发出迷人的光彩。当我们怀着感恩的心开始了一天的工作，工作将不再乏味枯燥，而成为了令人激动的创造和奉献。

每个人都应该学会带着感恩的心去生活和工作，没有人有责任和义务要为你付出，自己的父母和自己的爱人也不例外。当别人帮助我们的时候，我们有责任去感恩，学会感恩，这样才能更好地工作、生活。

 人生感悟

现代社会分工越来越细，每一个人都有自己的职责、自己的价值，每个人有意无意间都在为别人付出。学会感恩，就会懂得尊重他人，重新看待身边的每个人，尊重每一份平凡的劳动。当我们心怀感恩时，这个社会就会变得更加可爱、更加美好。

不做心灵的穷人

一个人一旦心灵穷困潦倒，即使他富可敌国，也不会真正体会到幸福的存在。相反，有的人也许并没有令人羡慕的财富，却照样过得怡然自得。贫穷对于有志气的人来说，会成为激发他们前进的推动力，使他们做出常人难以企及的成就。贫穷并不可怕，可怕的是心灵上的贫穷。如果精神空虚，就容易陷入到生活的漩涡中难以自拔。

美国著名的心理学家威廉·詹姆斯说："我们这一代人最重大的发现是，人能借由改变心态，从而改变自己的一生。"是的，人生的成败、幸福或不幸，有相当一部分是由自己的心态造成的，心态对我们的生活有着不可忽视的力量。

传说苏格拉底的父亲是雅典城中的铁匠，由于家里贫穷，苏格拉底的母亲只好去给别人做接生婆，赚得一点微薄的收入来贴补家用。所幸的是贫穷并没有给苏格拉底造成什么不良影响，相反却让他养成了许多好习惯。妈妈没钱买布给他做衣服，苏格拉底只好一年四季都穿着同一件衣服。有时衣服脏了他就只能在夜晚把它洗好，然后拿到火炉边上烤干以便第二天早上穿。至于鞋就更不用说，苏格拉底根本就不知道什么是鞋，他总是赤着脚走路。

有一年冬天，天下着大雪，苏格拉底必须去给人家送打好的铁器。妈妈看雪下得那么大，儿子的脚下又没有穿鞋子，于是不让苏格拉底去。但是，苏格拉底对母亲说一定要讲信用。于是顶着大雪，光着脚丫把打好的铁器送到了那个需要铁器的人家里。那人感动地拿出好吃的来招待他。但是他很快发现苏格拉底对美酒佳肴并不感兴趣，他感兴趣的是看书。后来这人就把家里所有的藏书都借给苏格拉底看。就这样，苏格拉底逐渐认识了许多字，读了许多书。苏格拉底虽然身处艰难和贫穷的环境当中，饱尝着人世的艰辛，但这并没有阻碍他追求梦想的脚步。他仍旧做着自己该做的事情，并且为他以后的成功奠定了基础。

世界上有很多东西是我们能够选择的，但出身却不能选择。当我们被迫处于一个穷困的家庭时，也就意味着我们有更多的机会锻炼自己，使心灵变得富裕。贫穷并不是一种耻辱，更不是堕落的借口，而是激励我们前进的一种推动力。

河北省一位企业家说，他正是依靠信心和勇气战胜了种种对贫穷的不良认识才取得了今天的成就。他回忆童年生活时说："我是一个来自偏僻农村的穷孩子。在我刚刚满一周岁的时候，父亲就因车祸离开了人世，抛下母亲和我相依为命。我的童年和中学时代都是在贫困中度过的。因为没有父亲，靠母亲独自一人苦苦支撑着家庭，生活异常拮据。但贫困同样给了我一笔精神财富，让我懂得了生活的不易。即使没有衣服穿、没有饭吃，我仍然没有放弃奋发图强的信念。靠着亲友的帮助，加上自身的不断努力，今天的我一样得到了自己该有的成就，甚至比其他人更加成功。"任何事都有它的两面性，只要你明白自己怎么做才是正确的，就会突破物质的束缚，得到应有的成绩。

是的，获得成功的人并不是因为他们出身高贵，而是因为他们的心灵足够坚强。坚强的心灵引领他们在人生的路上克服重重困难，结果他们改变了命运。而对于某些人来说，贫穷就意味着自卑，与人相处时会因为自卑而敏感，常常采取逃避的做法为自己找一块安静的避难所，久而久之，就会产生诸如极度自卑、不安、孤僻等心理问题，慢慢地，这种心理会吞噬他们奋发向上的激情，在事业上也难以取得突出的成就了。

人生感悟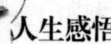

<u>让我们学会正确地面对贫穷，让它成为我们通往成功的一块垫脚石，而不是阻碍我们的绊脚石。当你可以调整好心态，让自己从心灵的阴影中走出来，就定可以取得突破，收获成功。</u>

在创造财富的过程中感受幸福

财富的积累是社会发展的需要，对于个人而言，创造财富也是个人生存的需要。人一旦有了财富的支撑，就有了感受幸福的可能，但是，并不是所有创造财富的过程都是幸福的。比如，现在两个同时拥有一百万资产的人。其中一个人的资产是通过正当经营、艰苦努力赚来的。那么，他在逐步积累这笔资金的时候也许就是一种享受幸福的过程。相反，如果另外一个人的资金由于经营不当从最初的几百万缩水到几万元，或者，他创造财富的过程是一种不正当的经营，即使是有了一定的资金也不会安心地享受过程带给他的幸福。可见创造财富的过程并不一定会有幸福的感觉。

当然，不同的人对创造财富的过程也会有不同的理解。就拿炒股来说吧，两个人在股市中用同样的资金、同样的价格买入同一支股票，如果遇到股价变化，你会看到不同的反应。其中的一个人可能感觉越涨越高，风险越来越大，而变得紧张不安，心惊胆战；而另一个人则会从容地享受股价上涨带给自己的乐趣。所以，不同的心态导致我们对幸福的感觉也就不同。

耶鲁大学著名的政治心理学家罗伯特·兰恩出版的《在市场民主中幸福的丧失》主旨是帮助人们确立对幸福的主宰意识。兰恩列举出一系列问题："你是不是觉得你享受的东西和服务越多就越幸福？""你是否羡慕那些拥有更好的汽车的人？""挣钱是不是你重要的生活目标？"……他对那些给了这些问题肯定答案的人做了这样的评价："他们一般都不那么幸福。"对于他们而言，物质的指标越高，幸福的指标就越低。原因很简单，他们在生活中，总是寻求"外在的奖赏"。而这种奖赏，总是被别人而不是他

们自己所控制。结果，他们越是追求这种目标，就越会被别人控制。一度能满足人们物质需求的金钱，不再能为他们买来幸福。

那么，我们应该到哪里寻求幸福呢？兰恩指出了两个去处："一是你生活中的伴侣，二是你工作的意义。"

许多经济学家总倾向于把工作看作是一种牺牲，而把薪水和假日看作是对这种牺牲的报酬，这在兰恩看来简直是荒谬的。当你可以从事你喜欢的事时，你会从中得到内在的报酬。这种工作一般有两个最基本的因素：一是不太用上司监管；一是不干重复性的工作。亚当·斯密也认为，有闲暇的生活方式是最理想的。闲暇意味着自由，意味着你可以做你想做的事。这和兰恩所追求的"有内在报偿"的生活方式，可谓殊途同归。只可惜这样的观点，在市场经济主导的当今社会，已越来越不为人们所接受，而这也是现代人不幸福的原因。现代人常常不得已去工作，牺牲自己去干自己不喜欢的事。这对于他们而言不是一件幸福的事。

在创造财富的过程中，那些心态较好，不会太在意金钱而又能在工作中发挥所长的人往往会是幸福的。

精神富了才会幸福

有人曾问亿万富翁、现吉利公司总裁李书福是否感到幸福。李书福说："幸福与不幸福，不能用钱来衡量。我告诉你，有钱并不一定幸福，你今天发愁钱怕被人家偷了，明天又担心这个钱来路是不是有问题，后天又考虑这个钱怎么花。你整天发愁，你一点儿都不会幸福！我感到幸福，不是因为有钱，而是因为我的理想正在一点一点变为现实。"

作为现在具有"中国汽车十强"、"中国驰名商标"、"中国自主品牌轿车"等荣耀的吉利汽车的总裁，李书福说："我天天坐吉利汽车，我觉得很幸福、很踏实！"吉利远景正式下线后，李书福还让人把他原来用来接待来访客人的奔驰和普拉多等全部卖掉，换上了远景。他说："作为汽车公司，

第七篇 ◆ 享受生活，善用金钱

你能坐上自己生产的车,用自己生产的车接待客人,这种自豪感、成就感是很难用语言形容的。"他的这种自豪感和成就感强烈地感染了部下,吉利员工99%开的都是吉利轿车。

当吉利资助的贫困学子们怀着感恩的心坐在大学课堂上时。李书福尤其感到欣慰。他说:"办教育虽然没有利润,资助贫困大学生更是只有付出,但我觉得很值得、很欣慰,通过办学和助学,我感到我跟这个世界联系得很紧密!"

从这位总裁身上我们可以看出,一个人是否幸福并非是用金钱的多寡来衡量的。当内心的满足感使心灵享受到平静时,才能体会到何为幸福。

是的,金钱在一定范围内能够带动幸福感的产生,但绝对达不到"控股"的程度。金钱不能与幸福直接对应,幸福还有许多其他决定因素。

某大型集团公司的总经理张悦说过,他小时候穷得连鞋都没有,大雪天去学校,怕把唯一的一双布鞋弄湿了,竟然光着脚,往返走了很远的路,回到家一看,脚冻得几乎僵硬。幸运的是他在亲人和朋友的帮助下完成了学业。如今的他过上了白领生活,但他说还是小时候幸福。他说:"因为贫穷,以前总是希望有一天能过上有钱的生活,但现在发现,有了钱未必就幸福。小时候虽然穷,但一家人在一起其乐融融、相互关心,真幸福。"

对于人生来说,最终目的只有一个,就是获得幸福。这种幸福是精神层面的感受。有钱买不来幸福,物质财富只是幸福的必要条件,不是充分条件。一个家庭破裂、妻离子散的人即使有钱也是不幸福的。一个没有自己的事业,靠继承大笔遗产过着醉生梦死生活的人,充其量只是行尸走肉,谁也不会将幸福与他联系在一起。

鼓盆而歌的庄子是幸福的,因为他懂得人贵适志;不为五斗米折腰的陶渊明是幸福的,因为他"坦万虑以存诚,憩遥情于八遐";"纵一苇之所如,凌万顷之茫然"的苏东坡是幸福的,因为在他眼里,"唯江上之清风,与山间之明月,耳得之为声,目遇之而成色,取之无尽,用之不竭,是造物者之无尽藏也,而吾与子之所共适"。在一般人看来,这些圣贤的一生都算不上是幸福的。因为他们不是不够显达,就是默默无闻;不是屡经坎坷,就是身罹恶疾。然而,他们却享有一般人难得的幸福,更享有一般人难得的辉煌。

人生感悟

不要把金钱作为衡量财富的标准,我们更应该做的是加强自身的内在修炼,只有这样,才可以体会到真正的幸福生活。

懂得分钱的人更容易获得金钱

金钱是一柄双刃剑,它既能使你富足天下,也可以使你举步维艰。你对它吝啬,它对你也吝啬;你对它慷慨,它对你也慷慨。对于金钱,我们既要重视,也要轻视。只有舍得施与的人,才更容易获得。如果一个人拥有了巨额财富却不知道用心行善,那他还不如一介草民,他的财富也将会因为他的贪婪而被葬送掉。

世界首富比尔·盖茨是个赚钱能人,但他视金钱为货币符号,不停地向公益事业捐款。像这样的赚钱能人才算是真正的富豪,因为他不仅拥有富可敌国的财产,还赢得了无数人的尊敬和爱戴。

对待金钱的正确态度是:从自己的收入中提取适当比例去救济那些需要帮助的人。为什么这么说呢?第一,你取之于社会,也应用之于社会;第二,这样做对你和对别人都深具意义。但最重要的是,你这样做无异于告诉别人也告诉自己,人人头上有片天,只要自己肯努力,一定能开创自己美好的未来。

你打算何时提取适当比例的收入去救济那些需要帮助的人呢?难道要等到你有钱了,或是有名了?不要这样子,你要从有收入之日起便开始这样做。因为你的施与就像播种一样,会帮助那些得到你帮助的人重新燃起希望之火。在你的周围有许多需要帮助的人,当你向他们伸出援助之手,你就会对自己有另一番的肯定,生命不再是为了满足自己的需要而存在。

不管你能赚多少钱,都不比助人时得到的那种快乐多;不管你能取得多少投资收益,也都不比提取适当比例的收入助人时得到的那些报偿多。当你这么做以后,你对金钱会有更深刻的认识,知道金钱能买到许多东西,但也有许多东西是金钱买不到的。提取适当比例的收入去救济那些需要帮助的人是必要的，但更重要的是，你必须向他们指出：人生并不是一成不变的，而是蕴含着无穷的机会，唯有激发出自己的潜能，方能拥有富足的生活。当你领悟了金钱的真谛后，回报你的不仅是物质上的收益，还有心灵上的慰藉和精神上的满足。

金钱跟其他东西基本上没有两样，既然取之于社会，就得用之于社会。你对他人伸出援助之手，他人也肯定会对你心生感激，从而为你带来更多、更大的财富。所以，对于金钱，你可以用它，但千万不要为它所用，也不要让金钱在你的心里占据独尊的地位，只知获取，不知付出。

不管你能赚多少钱，也不管你能施与别人多少恩惠，只要你有这么一片善心，自然而然就会收获一分回报。

洛克菲勒在最初创业时，与一位比他大12岁的英国人莫里斯·克拉克合伙办了一个贸易公司。当时两人各出资2000美元，头一年就经销了45万美元的货物，收益颇丰。随着美国南北战争的爆发，他们两人开始囤积居奇，大发战争财。这一段创业经历为洛克菲勒日后转向石油领域奠定了初步的资本基础。

在公司成立的前两年里，克拉克负责采购和销售，洛克菲勒负责财务和行政，两人合作还算默契。克拉克曾赞扬洛克菲勒的认真，说他"有条不紊到了极点，常常把数字计算到小数点后三位"。

但是克拉克依仗自己年龄大，在商场上混的时间长，总是以"老大哥"的身份自居，动不动就教训洛克菲勒不懂人情世故。面对他一副自鸣得意的样子，洛克菲勒不以为然，尽职尽责地做着自己的工作。就在洛克菲勒领导他的公司走向石油领域，准备大展宏图的时候，他与合作伙伴克拉克在经营上发生了矛盾。克拉克虽然对公司业务还算尽心尽力，但在需要做出重大决策的关键时刻，他却往往举棋不定，耽误了许多生意。一向冷静的洛克菲勒对此大为光火，他们两人在决策上的争执逐渐频繁起来，有时甚至相持不下。

洛克菲勒和克拉克的矛盾终于在是否扩大在石油领域的投资上爆发了。洛克菲勒要从公司拿出1.2万美元投资于石油业，而克拉克则认为这是在拿公司的命运开玩笑，坚决不同意。

1865年，洛克菲勒认为克拉克不适合作为自己的长期合作伙伴，于是痛下决心，通过内部拍卖，与克拉克争夺公司的控制权。最后，洛克菲勒以7.25万美元赢得了这一仗，获得了公司独立经营权。

这一决定被洛克菲勒视为自己平生所做的最大决定，正是这一决定改变了洛克菲勒一生的事业，也使他身边的伙伴最紧密地团结在他周围，为了洛克菲勒家族这艘巨大的战舰驶向世界商海而齐心协力，奋战于惊涛骇浪之中。

 人生感悟

长痛不如短痛，在财富积累的过程中，对于有碍于获取更多发展机遇与更大经营利润的昔日功臣，最好的办法就是分出小钱，赢得大利。

分钱并不会减少你的财富

有两个人，一个是体弱的富翁，一个是健康的穷汉，两人相互羡慕着对方。富翁为了得到健康，乐意让出他的财富；穷汉为了成为富翁，随时愿意舍弃健康。

一位世界知名的外科医生研究出了交换人脑的方法，富翁赶紧提出要和穷汉交换脑袋，手术进行得非常成功，穷汉变成了富翁，富翁变成了穷汉。但不久，变成了穷汉的富翁由于有了强健的体魄，又有着成功的意识，渐渐地又积累了很多的财富。但同时，他总是担忧自己的健康，一感到有轻微的不舒服便大惊小怪。由于他总是担惊受怕，久而久之，他的身体又回复到原来多病的状态，或者说，他又回复到以前那种富有而体弱的状态中。

另一位新富翁又怎么样呢？他总算有了钱，但身体孱弱。然而，他总是忘不了自己是个穷汉，有着失败的意识。他不想用换脑得来的钱相应地开创一种新生活，反而不断地挥霍着。

钱不久就被挥霍殆尽，他又变成了原来的穷汉。然而，由于他无忧无虑，换脑时带来的疾病不知不觉地消失了，他又像以前那样有了一副健康的身子骨。最后，两个人都回复到了原来的模样。

关于财富，美国石油大王保罗·盖帝曾有过这样一个十分奇妙的设想：

若是将目前全世界所有的财富平均地分给每个人，让他们都拥有同样多的财富，他们的经济状况就会有显著的改观。过了一段时间之后，有的人会因为豪赌失利而一穷二白，有的人会因为投资失败而一文不名，有的人则会因为受到诈骗而迅速破产。于是财富分配又重新开始了，有些人的钱会变少，有些人的钱会变多。

保罗·盖帝特别强调："我敢打赌，再经过一两年之后，全世界财富的分配情况将会和没有均分之前没什么两样，有钱的还是那些人，而贫困的人依然不会有所改变。"

最后他得出结论：不管这是命中注定，还是自然法则，总之，有些人的想法和观念一定会比其他人的想法和观念更新颖、更前沿，因而他所拥有的财富也将会更多。人的智商与财商在很大程度上决定了一个人的财富积累的数量，但我们可以经由学习而改变思维模式，以积极的态度来引导自己走上成功之路，而我们的心灵一旦觉醒，财富也就会随之而来。

人生感悟

<u>世界是公平的，回报是合理的，你现在的状况就是你的能力的最真实的体现。一个不具备某种能力的人，即使你有幸获得某种东西，也迟早会失去。</u>

学会帮助别人

一个真正高尚的人，不会为失去金钱而生气，只会为不能减轻别人的痛苦而惋惜。

阿根廷著名的高尔夫球手罗伯特·德·温森多有一次赢得了一场锦标赛，领到支票后，他微笑着从记者的重围中走出来，到停车场准备开车回家。

这时候，一个年轻的女子向他走来，她向温森多表示祝贺后又说她可怜的孩子病得很重——也许会死掉——而她却支付不起为孩子治病的昂贵的医药费和住院费。

温森多被她的讲述深深打动了。他二话没说，掏出笔在刚赢得的支票上飞快地签了名,然后塞给那个女子。

"这是这次比赛的奖金,祝你的孩子走好运。"他说道。

一个星期后,温森多正在一家乡村俱乐部进午餐。一位职业高尔夫球联合会的官员走过来,问他一周前是不是遇到过一个自称孩子病得很重的年轻女子。

"停车场的孩子们告诉我的。"官员说。

温森多点了点头。

"哦,对你来说这是个坏消息。"官员说道,"那个女人是个骗子,她根本就没有什么病得很重的孩子。她甚至还没有结婚哩!温森多,你让人给骗了!我的朋友。"

"你是说根本就没有一个小孩子病得快死了?"

"是这样的,根本就没有。"官员答道。

"这是我本周听到的最好的消息。"温森多长吁了一口气。

洛克菲勒一生至少赚了10亿美元,但他深知过多的财富会给子孙带来麻烦,所以他一生中捐出的款项竟高达7.5亿美元之多。

然而,他从不随便捐钱,他在捐钱之前一定要搞清楚款项的具体用途。

一天,在洛克菲勒下班的途中,一个陌生的过路人拦住他,向他诉说自己的不幸,然后恭维他说:"洛克菲勒先生,我从20里外步行来此找您,路上碰到的每一个人都说你是纽约最慷慨的大人物。"

洛克菲勒知道拦路人是在向他讨钱,可他非常不喜欢这种方式,但又不愿意使对方太难堪。怎么办呢?洛克菲勒想了一下,便对这个人说:"请问,过一会儿你是否还要按原路返回?"

过路人立即回答:"是的。"

洛克菲勒巧妙地对他说:"那再好不过了,请您帮我一个忙,告诉你刚刚碰到的每一个人,他们听到的都是谣传。"

人生感悟

洛克菲勒用他的机智给这个懒惰的人上了生动的一课。

对于那些一味沉迷于寄生生活的人,决不能给予捐助,否则,他们的寄生性会变得更加强大,而一味地寄生下去。

享受金钱，享受快乐

从某种意义上讲，学会生活比学会赚钱更重要。

20世纪20年代初，一群名噪一时的美国大亨汇集于芝加哥。他们中间有：美国最大的钢铁公司总经理；美国最大的公用事业公司总经理；美国最大的小麦投机商；美国纽约股票交易所总裁；美国最大的空头生意投机商；一名总统内阁成员。

他们手中掌握的财富总数超过了美国国库总额。

但25年后，他们又怎么样了呢？

钢铁公司总经理死于公司倒闭，死前5年靠借钱度日；公用事业公司总经理亡命他乡，身无分文死在异国土地上；小麦投机商因破产死于国外；股票交易所总裁被关在监狱里；空头投机商死于自杀；银行行长死于自杀；内阁成员服刑期间获特赦死于家中。

这些人学会了赚钱，却没学会怎样生活。这些一度叱咤风云的人物的可悲之处在于他们把赚钱当成生活的唯一目标。

对于金钱，各人有各人的看法与做法，下面的这个故事也许能给你另一方面的启示。

一位台湾富豪去世后留下了近百亿台币的遗产。据统计，仅他所缴纳的遗产税就达19亿台币之巨——这也是中国台湾有史以来征收的最高数额的遗产税。

但是，这位台湾富豪生前却极其节俭，不仅舍不得买房子，上班挤公共汽车，而且据他姐姐说，他连内衣内裤穿破了都舍不得买新的。不管你是否相信，这都是一种真实的存在。

这位台湾富豪生前从未娶妻生子，一生过得悄无声息，对自己的生活总是斤斤计较，平时开支更是刻薄得很，几乎没什么人知道他是一位亿万富翁。他的死给后人带来了极大的麻烦，他的同胞兄弟为争夺遗产而闹得反目成仇、矛盾重重。

也许我们无权对这位台湾富豪说三道四，选择任何一种生活方式，只

要无损于别人,都是他的自由。但不管怎么说,有了金钱却享受不到金钱带给自己的快乐,总是一种遗憾。

 人生感悟

既会花钱又会赚钱的人,才是最幸福的人,因为他们享受到了金钱带来的快乐。

有钱别忘了尽孝

"股票超人"约瑟夫·贺希哈是纽约市成功商人的代表,他经历了从地狱到天堂的沧桑人生,留下了一串从街头乞丐到亿万富翁的奋斗足迹。

约瑟夫·贺希哈早年曾一次赚到过16.8万美元,他首先想到的不是把这笔对于他来说来之不易的钱全部投资于他所迷恋的股票,而是拿出了绝大部分钱为相依为命的母亲购置了一套房子,让母亲早日走出了低矮潮湿的贫民窟。

约瑟夫·贺希哈从未忘记过与自己长期以来患难与共的合作伙伴。他让合作伙伴朱宾全权负责挖掘铀矿,事先就给了朱宾1/10的股票优先权,使朱宾在用自己的智慧开掘出铀矿的那一刻便成了百万富翁。约瑟夫·贺希哈不仅对合作伙伴是这样,他对公司的下属员工也十分关心,甚至对一个开电梯的孩子也是如此。这个可怜的孩子有一个多病的母亲,微薄的薪水难以支撑母亲的医药费,约瑟夫·贺希哈便长期地承担起对这个家庭进行接济的责任。

在约瑟夫·贺希哈从街头乞丐到亿万富翁的一生中,他永远对被别人骂作"穷鬼"的乞丐们的生活有着刻骨铭心的记忆。在他成为亿万富翁以后,他并不认为自己已经斩断了与贫穷的联系。他一直把捐助像他童年时一样贫穷的人作为自己义不容辞的责任。

他向学校捐款,为的是使贫穷人家的孩子能得到更多的教育以发掘他们的天赋;他向盲人医院、孤儿院捐款,为的是使残疾人和无依无靠的孤儿得到救助。由于自己对艺术的浓厚兴趣,他特别喜欢资助贫穷而又富有

艺术才华的学生们，使他们能够全身心地投入到艺术创作之中，并通过他们去实现自己少年时没有实现的大学之梦。他经常驾驶一辆黑色的超豪华林肯牌轿车，不断地驶入哥伦比亚大学、曼哈顿大学、加州图书馆、孤儿院、盲人医院和教会等处，不辞辛劳地把一笔笔捐款送给那些需要帮助的人们。

这就是充满传奇色彩的约瑟夫·贺希哈，他通过在充满风险的股市中的不断搏杀改变了自己的命运，他通过普渡众生的慈善事业彰显着自己的人生价值。

约瑟夫·贺希哈并不是一个只知道赚钱的"机器"，而是一个充满生活情趣的和蔼老人。他70岁的时候突然迷上了搜集艺术品。他又拿出当年执著于股票的劲头，到图书馆收集资料，派出几路人马千方百计地获取各方面的信息。

不久之后，他就成为一名鉴赏艺术品的行家能手。他认为全人类都有责任更好地保护人类文化艺术遗产。为此，他收藏了3000座雕塑、6000幅名画，还专门设立了一个艺术基金会，用于保护人类文化艺术遗产，为艺术事业作出了他应有的贡献。他说只要他的心脏还在跳动，对艺术孜孜不倦的追求就不会停止。

人生感悟

在腰缠万贯的富商巨贾中，寡廉鲜耻、尔虞我诈者有之，为富不仁、恃强凌弱者有之，但是从街头乞丐变成亿万富翁的约瑟夫·贺希哈却保留了幼年时养成的善良天性。这种天性不仅表现在他对母亲的拳拳赤子之心以及他与合作伙伴的深情厚义上，更表现在他对整个人类命运的关注上。

附录一：名人关于金钱的忠告

有志不在年高

他静静地埋伏在草丛里，思索着。他研究过小女孩的习惯，知道她会在下午两三点钟从外公的家里出来玩。

为此他深深地痛恨自己。

尽管他的日子过得一塌糊涂，可他从来没有过绑架这种冷酷的念头。

然而此刻他却借着屋外树丛的掩护，躲在草丛中，等待着一个天真无邪、长着红头发的两岁小姑娘进入他的攻击范围。

这是漫长的等待，使他有时间去思考，或许哈伦德从前的日子都过得太匆忙了。

他父亲是印第安那州的农民，去世时他才5岁。

他14岁时从格林伍德学校辍学开始了流浪生涯。

他在农场干过杂活，干得很不开心。

当过电车售票员，也很不开心。

16岁时他谎报年龄参了军——而军旅生活也不顺心。

一年的服役期满后，他去了阿拉巴马州。开了个铁匠铺，不久就倒闭了。

随后他在南方铁路公司当上了机车司炉工。他很喜欢这份工作，以为终于找到了自己的位置。

他18岁时娶了媳妇，没想到仅过了几个月时间，在得知太太怀孕的同一天又被解雇了。

接着有一天，当他在外面忙着找工作时，太太卖了他们所有的财产逃回了娘家。

随后大萧条开始了。哈伦德并没有因为老是失败而放弃。别人也是这么说的。他确实努力过了。

有一次还是在铁路上工作的时候,他曾通过函授学习法律,但后来放弃了。

他卖过保险,也卖过轮胎。

他经营过一条渡船,还开过一家加油站,都失败了。认命吧,哈伦德永远也成功不了。

此刻,他躲在弗吉尼亚州若阿诺克郊外的草丛中,谋划着一次绑架行动。他观察过小女孩的习惯,知道她下午什么时候会出来玩。

可是,这一天,她没出来玩。因此他还是没能突破他一连串的失败。

后来,他成了考宾一家餐馆的主厨和洗瓶师。要不是那条新的公路刚好穿过那家餐馆,他会干得很好。

接着到了退休的年龄。

他并不是第一个,也不会是最后一个到了晚年还无以为耀的人。幸福鸟,或随便什么鸟,总是在遥不可企及的地方拍打着翅膀。他一直安分守己——除了那次未遂的绑架。

出于公正,必须说明的是,他只是想从离家出走的太太那儿绑架自己的女儿。

不过,母女俩后来回到了他身边。

时光飞逝。眼看一辈子都过去了,而他却一无所有。要不是有一天邮递员给他送来了他的第一份社会保险支票,他还不会意识到自己老了。

那天,哈伦德身上的什么东西愤怒了、觉醒了、爆发了。

政府很同情他。政府说,轮到你击球时你都没打中,不用再打了,该是放弃、退休的时候了。

他们寄给他一张退休金支票,说他"老"了。

他说:"呸。"

他气坏了。

他收下了那张105美元的支票,并用它开创了新的事业。

今天,他的事业欣欣向荣。而他,也终于在88岁高龄大获成功。

这个到该结束时才开始的人就是哈伦德·山德士。

他用他第一笔社会保险金创办的崭新事业正是肯德基家乡鸡。

接下来的故事想必您已经知道。

没想到肯德基门口站着的那个可爱的"老头"还会有这样一串故事吧,当你用鸡块果腹的时候,最好也从老头这儿汲取点精神营养。

金钱是最好的仆人,也是最坏的主人

第一,金钱是清白的,不清白的是人的内心。据说中国和犹太的传统道德是世上仅见的不仇视金钱的两种传统道德。《论语·子罕篇》中,子贡问孔子:"有美玉于斯,韫椟而藏诸?求善贾而沽诸?"孔子说:"沽之哉!沽之哉!我待贾者也。"由此可见儒学渊源并不将固守清贫和富贵对立起来。《国语》中说"言义必及利",强调"义以生利,利以丰民",《晏子春秋》中说"义厚则敌寡,利多则民欢"。连中国的佛教也并不认为金钱是不好的,指出佛其实要的不是清贫如洗,而是宝贵严华,那种苦修戕身的做法,从来在中国善男信女中没有什么市场。中国的民俗也是如此,例如我们常常说,有点文采武艺,是要卖于帝王家的,又说书中自有黄金屋。因此,金钱本身无疑是清白的。

既然五千年的传统是这样,为什么迄今为止知识分子对谈论金钱如虎狼之畏呢?大约是近50年来中华文化遭受了深重的突然断裂所致。君子可以不重利,但发展到羞耻于言利的程度,离伪君子也就不遥远了。不否认知识分子中有不以贫困为苦的,例如孔子的弟子颜回就能"居陋巷,一箪食,一瓢饮,人不堪其忧,回也不改其乐",但应该看到,颜回是那种"素富贵行乎富贵;素贫贱行乎贫贱"之人,他是随遇而安,知足常乐,虽然不以贫困为苦,但却也并不以富贵为耻。人的"动物性的过去"使得真正能从贫困中得到莫大欢乐的人少之又少,而即使如此也并不排斥知识分子可以在义利之辩的基础上过得相对宽裕一些。视金钱如洪水猛兽者,和中国传统无关,仅仅和其内心的局促和焦虑有关。无产阶级革命的目的很大程度上就是"对剥夺者的剥夺",就是消灭无产阶级自身,使之摆脱"被剥夺者"的悲惨角色。同样将知识分子和金钱对立起来,也和高风亮节全

附录一 ◆ 名人关于金钱的忠告

然无关，仅仅是内心的一种扭曲而已。

第二，君子爱财，取之有道。知识分子必然不是社会分层中最为富裕的群体，但也不是最困窘的群体。作为高校教师，我享受着尚能接受的工资和种种福利，还可以挣一些稿费养家糊口，因此内心是平和的。佛陀在《善生经》中为善生童子开示生存之道时说："先当学技艺，而后获财富。"一个人在社会上立足，必须有一定的谋生之道，即使拥有福报，也还需要通过相应的技能才能得以实现。我们现在靠写字谋生，也算是安守本分吧！应该警惕的是，君子爱财并不能作为知识分子道德堕落的借口。迄今为止，穷则独善，达则兼济仍是我们在义利之辨的同时，应有理欲之分的准则。

如果是取之有道，那么，如果那些金钱果然是我在灯下寂寞地阅读、思考、写作而得，虽分毫也不应该羞于接受；如果那些金钱并非诚实劳动所得，那么就应该看开些，不应让贪欲迷惘了自己，所谓"不义，虽利勿动"也。记得佛经中记载着这样一个故事，佛陀与弟子阿难外出乞食，看到路边有一块黄金，就对阿难说："毒蛇。"阿难也回应道："毒蛇。"正在附近干农活的父子俩闻言前来观看，当他们发现佛陀和阿难所说的毒蛇竟然是黄金时，立刻欣喜若狂地将其占为己有，可结果却是引来杀身之祸！黄金没有给他们带来富贵，反而使他们陷入国库被盗的案件中。在刑场上，父子俩才追悔莫及地想到"毒蛇"的真正意义。我们内心的毒蛇比路上偶遇的毒蛇要多得多，所以时时反省是必要的，这样即使不能保证时时走在正途，也可避免堕入万劫不复的深渊吧！

第三，金钱是最好的仆人，却是最坏的主人。当你的生活为追求金钱所主宰时，你就迷失了自我；而当你的金钱为你的生活所主宰时，你就接近幸福。金钱对守财奴而言，只是一串数字而已；而对有理智的人而言，应该是随时可以打发的仆人。因此，在青春年少的时候，金钱仅仅是身边可以流淌的东西，即使做不到"五花马，千金裘，呼儿将出换美酒"的豪爽，也应该少一些为风烛残年敛财的计划。我们的命运总是随波逐流的，谁都无法预言三年后自己的生存状态，因此为什么要在30岁时考虑60岁的事情呢？我们如果总是抱着"人无远虑，必有近忧"的态度去积累金钱，那么金钱就凌驾于我们之上，这样的"远虑"在我看来就是杞人忧天——过于谨慎和忧虑的金钱观足以令我们一生生活在挥之不去的恐惧之中，而这种恐惧的根源则是我们内心的心魔。

那么,我们如何才能成为金钱的主人?佛经里把人类分成三种:第一种是盲人。这种人不知如何使自己拥有的财富增长,不知如何获得新的财富,他们也无法区分道德上的好坏。第二种是独眼人。他只有一只金钱眼,而无道德之慧眼。这种人只知道如何使自己拥有的财富增长和创造新财富,但不知道如何培养好的道德品质。第三种是双眼者。他既有金钱,又有道德之慧眼;他既能使他已有的财富增长,并获得新财富,又能培养良好的道德品质。做一个有德而富,富而有德的,有两只眼睛的人,如果不是我们已达成的现实,至少可作为一种追求的境界和目标。

第四,不要让金钱拖累后代。福特说,所谓美好人生,就是"俭朴的生活,健康的身体,勤奋的工作"。在万科论坛上,一位朋友说,"如果你有一张床,一口饭,就已经比世界上大多数人幸福"。幸福往往并不是我们拥有的时候所珍藏的,而是在失去之后才追悔莫及的那种东西,就像空气、水一样拥抱着我们的人生。因此,如果有一点点金钱,不要为儿孙考虑太多,儿孙自有儿孙福,金钱只会拖累而不会哺育后代,这就是所谓"寒门多俊彦,纨绔少伟男"的道理。

世上最不幸的人就是除了金钱一无所有的人。在今年中央电视台的一档特别节目中,主持人让企业精英们、学界大腕们从0到9这十个数字中挑选出自己的幸运数。有人选8,说2003年中国经济增长率将是8%;有人选6,说明年他的个人财产就将超过6亿;有人选5,说是中国明年经济规模能排全球第5……我在昏昏欲睡中,听到一个人选择了0,他说希望精英的聚会不要忘记,世界上还有那些一无所有的弱势群体们。我在这刹那间意识到我拥有的一切,包括金钱,是我在天堂中的另一天。您问我那时选择的是什么数?我沉默的内心选择的是1,就是希望天下一家,愿所有的人能有一口饭吃。

 **人生感悟**

　　因为无论赚到多少钱,我们最终总要把它花出去,或捐出去,或留给下一代。因此,金钱绝对不能成为衡量财富的唯一标准,要想让手中的钱真正地变得有价值,关键要看把它转换为哪一种能量。

和谐才是真正的财富

财富，可以说是与人类的产生一样久远的概念。财富观，是比经济学诞生更早的观念。在经济学产生以前，人们对财富的认识仅限于有形财产的认识。那时，人们所接受的大多是"人为财死，鸟为食亡"、"财迷心窍"这样的观念。所以当时人们所向往的是"财富浑浑如泉源，汸汸如河流，暴暴如丘山"（荀子）；商贩们所希望的是"生意兴隆通四海，财源茂盛达三江"。所以节俭便是生财之道，如果"生之者甚少，而靡之者甚多"，那么，"天下财产何得不厥"。这些认识显然都是"形而下"的价值观。

那什么是"形而上"的财富价值观呢？我认为，和谐才是财富之本质，和谐是财富观的核心。

和为贵，是中华民族处事（世）的基本原则，这不仅在孔夫子的"己所不欲，勿施与人"的最高理念中得到体现，而且也是老子心目中的理想社会。构建"大同世界"，不仅早在2500年前先辈们已经企盼，而且也是近代康有为、梁启超改革变法的崇高理想。

从近代以来，有多少志士仁人抱定齐家治国之志，从老祖宗那里寻求和谐之道，寻求变法之道，"穷则变，变则通，通则久"，是他们发出的改革旧世体制的呐喊，但是他们没有找到什么是中国的"体"，什么样的"用"能为我所用。今天，在市场经济这个"体"中，可以说终于找到了最终的归宿，于是一些人富了起来。

千百年来统治中国的一统体制趋于瓦解。但是，一些人不懂得使用、获得财富也要和谐的理念，认为财富是自己挣来的，自己便可以任意支配，随心所欲。于是乎，一些人开始斗富，非要比试谁摔的茅台酒瓶多，谁烧的纸币多。现在又升级了，看看谁带的"小秘"多，谁的"二奶"多，谁的豪宅阔，谁的绿卡多，谁的儿子在国外念什么大学。有些人富甲天下，但对穷人却一毛不拔，对那些叫花子还要唾上一口。看见报纸登了"要饭者腰缠万贯"的豆腐块文章，有些富人便以为这样就可以为自己的"铁公鸡"行为找到理由了。对穷人缺少最起码的同情、怜悯（连怜悯这个人类特有的情感都被抛弃了），这样的财富观于是引来了许多人的"仇富"心态。

我在这里绝不是赞同一些人"仇富"，也不是想抹杀产权明晰对于人类发展的意义。我倒是认为，产权明晰是人类文明的最基本成果之一，是保证人的基本权利与基本自由的前提，也是抗衡公权的基本保障。我也赞成近代的思想家霍布斯和洛克所说的，保护生命的、自由的和财产的权利是自然法则（本人就是研究产权问题的）。我只是想说，在产权明晰以后，还必须懂得什么是真正的财富。实际上，和谐的财富观，说的正是财富所有者应该知道的事情，予人方便，予己方便。你为他人着想，正是为自己着想。

首先要想的是，在你的财富中，有没有原罪，有没有由于基本权利分配造成的空隙，使你得到了一笔外财？这个问题即使不谈，也应该知道财富的源泉在哪里。我想说的是，即使所有的财富都是由你的劳动和能力换来的，也应该知道财富与财富之间的和谐才是真正的财富。

早在3800年以前，古巴比伦国王汉谟拉比在人类第一部法典中，就在第23条规定："一个人若遭到抢劫而又未能找到抢劫者，抢劫行为发生的所在城市，应当赔偿他所受到的损失。"

它说明了要维护财富的完整性是需要规则的，而维护规则的运行是需要付出成本的。而抢劫的发生是与社会权利的分配与国家的治理结构联系在一起的。我们于是明白，你占有财富是幸运的，就大部分人占有的财富而言，也是由于个人通过劳动和合法经营得来的，但是，维系财富本身却是需要付出成本的。

著名经济学家巴塞尔提出这样一个观点：即使财富在名义上是你占有并使用的，换言之，产权是明晰的，但是，在产权界定明晰以外的区域，都存在一个"公共域"（public domain），而这个公共域正是需要界定产权的，这个产权的界定是需要付出代价的。

也就是说，任何一个人占有财富的有效性，取决于本人为保护财富所付出的成本，又取决于他人企图分享这项权利所付出的成本；同时，还决定于第三方所做的保护产权所付出的成本。由于这些权利的保护是有成本的，因此，一个社会不存在绝对的权利。所以，和谐会减少对财富的保护

附录一 ◆ 名人关于金钱的忠告

成本，会降低对财富的摩擦，节省你的费用，使你占有财富的权利真正落到实处。所以，只有和谐才能使你的有形财富增值。

占有财富是你的权利，使用财富是你的自由，这是人类的自然法则。但是，联想到那些市场的劣败者、鳏寡孤独者，那些因为出生地的不同，而永远处在贫困线边缘的人们，你能不能想想这是什么原因造成的？

近代英国思想家霍布斯曾经认为，社会存在一个根本的自然权利和根本法则，这一权利就是"自由权，每一个人都有使用自己的权利，按照本人意愿，保卫自己本性的自由"，如果违反这一点，他可以"寻求并利用战争的一切条件和助力"。

这是早在400多年前的正义的呼声。诺贝尔经济学奖获得者阿马蒂亚·森穷其一生的研究也得出了这样一个结论：贫困是由于一个社会基本权利与基本自由分配不平等造成的。这一结论，无论是当代美国最著名的"左派"思想家罗尔斯还是与其齐名的自由主义思想家诺齐克都是承认的，这一认识已经成为公理。而这一观点，在我们这里成了乌托邦，要提出这样的观点，好像是痴人说梦。

登峰何造极？正是从这一意义上说，富者与穷者的距离也没有想象的那么远，反差没有那么大。唯独穷者与富者的和谐才能幸福，也才能真正实现社会各阶层的和谐共处，和谐发展。

从另一方面来说，自从现代经济学产生以来，人们对财富的认识就有客观与主观两种截然不同的观点。我是主张财富的客观性与主观性相结合的。如果一个人在个人享受上不知道知足常乐，那是不理性的。当然，一个葛朗台式的守财奴也是没人喜欢的，禁欲主义更是行不通的。

既然你明白了这样一个道理：财富既取决于客观上拥有多少财富，又取决于在主观上对财富的感受，那么，你就不必将财富看得比生命还重。不要以为有了钱就是万能的，有钱能使鬼推磨；不要穷得只剩了钱。因为，只有和谐才是真正的富有。

 人生感悟

金钱的魅力不在于数字的多少，而在于它与人生财富——诸如青春、事业、情感、健康等之间的平衡与和谐。

林之洋的生意经

清朝商人林之洋有一条很有名的生意经,叫作"人弃我取、易地而富"。

有一次,林之洋为位居宰相的吴氏兄弟送货。吴氏兄弟把一批当地的土特产赏赐给了船上的水手。水手们尝了尝,都觉得有一股怪味,便扔在一边,有的甚至随手抛进了海里。

林之洋尝了尝,也觉得不合胃口,但他并不像别人一样随手抛弃,而是陷入了沉思。他想到,吴宰相身为朝中大臣,人们送给他的东西一定不会便宜,水手们不喜欢,并不能说明它毫无价值,就像榴莲,有些人闻到其味就作呕,可也有人千方百计去买来吃。普通的大众果菜都让人各有所爱,何况是比较稀奇的东西?

他想到这些,便出钱把那些土特产收购起来,放在船里,每到一处,就拿出一些卖一下试试。

终于,到了一个地方,众多人都喜爱那种特产,他便抬高了几倍价格,很快被抢购一空,林之洋不仅从中赚了一笔钱,而且总结出了"易地而富"的生意经。

商品流通领域十分广阔,市场需求差异很大,消费者口味也不一样。经营者如果能掌握不同商品的需求信息,善于"易地经营",就会像清朝商人林之洋一样获得成功。

 人生感悟

做生意无非两种模式:一种是无中生有,即研发生产出产品来;另一种就是易地而售,把产品销售到需要它的人手中。相比较而言,后者相对容易进入,因为它不需要生产厂房、设备以及技术研发费用,资金量的需求要小些。可是,资金不密集的地方,必然要求智慧密集,否则,大家都能轻易地去做,竞争很激烈,你如何才能赚到理想的利润呢?

附录一 ◆ 名人关于金钱的忠告

成功的标准

美国汽车工业巨头福特曾经特别欣赏一个年轻人的才能,他想帮助这个年轻人实现自己的梦想。可这位年轻人的梦想却把福特吓了一跳:他一生最大的愿望就是赚到1000亿美元——超过福特现有财产的100倍。

福特问他:"你要那么多钱做什么?"

年轻人迟疑了一会儿,说:"老实讲,我也不知道,但我觉得只有那样才算是成功。"

福特说:"一个人果真拥有那么多钱,将会威胁整个世界,我看你还是先别考虑这件事吧。"

在此后长达五年的时间里,福特拒绝见这个年轻人,直到有一天年轻人告诉福特,他想创办一所大学,他已经有了10万美元,还缺少10万。福特这时开始帮助他,他们再没有提过那1000亿美元的事。

经过八年的努力,年轻人成功了,他就是著名的伊利诺斯大学的创始人本·伊利诺斯。

 **人生感悟**

不要老想着超过比尔·盖茨,给成功下出一个切实可行的定义。

附录二：名人财富语录

没有钱是悲哀的事，但是金钱过剩则更加悲哀。

——列夫·托尔斯泰

金钱可以是许多东西的外壳，却不是里面的果实。

——易卜生

金钱是被铸造出来的自由。

——陀思妥耶夫斯基

毫无辛苦地赚钱的人不胜枚举，但是，毫无辛苦地挥霍的人则绝无仅有。

——高尔基

人类一切赚钱的职业与生意中都有罪恶的踪迹。

——爱默生

我们手里的金钱是保持自由的一种工具，我们所追求的金钱，则是使自己当奴隶的一种工具。

——卢梭

金钱并不像平常所说的那样，是一切邪恶的根源，唯有对金钱的贪欲，即对金钱过分的、自私的、贪婪的追求，才是一切邪恶的根源。

——纳·霍桑

如果你懂得使用，金钱是一个好奴仆，如果你不懂得使用，它就变成你的主人。

——马克·吐温

钱财如粪土，仁义值千金。

——《增广》

作家当然必须挣钱才能生活、写作，但是他决不应该为了挣钱而生活、写作。

——马克思

虽然权势是一头固执的熊，可是金子可以拉着它的鼻子走。

——莎士比亚

人生的快乐和幸福不在金钱，不在爱情，而在真理。

——契诃夫

财产可能为你服务，但也可能把你奴役。

——贺拉斯

欲急速致富者将不免于不义。

——西塞罗

金钱往往成为真正情义的障碍物。

——邹韬奋

金钱是一种有用的东西，但是，只有在你觉得知足的时候，它才会带给你快乐，否则的话，它除了给你烦恼和妒忌之外，毫无任何积极的意义。

——席慕蓉

有钱的人可以很快乐，也可以很不快乐，其中一种最能叫人不快乐的，就是对自己没信心，以为别人结交他只是为了他的钱。

——白韵琴

爱钱的人很难使自己不成为金钱的奴隶。多数人在有了钱之后，会时时刻刻为保存既有的和争取更多的钱而烦心。他的生意越大，得失越重，越难以找回海阔天空的心境。

——罗兰

金钱不是做奴隶就是做主人，二者必一，别无其他。

——贺拉斯

金钱是个好兵士，有了它就可以使人勇气百倍。

——莎士比亚

金钱好比肥料，如不散入田中，本身并无用处。

——弗·培根

狂热的欲望，会诱出危险的行动，干出荒谬的事情来。

——马克·吐温

钱是个可恶的东西，用它可以办好事，也可以做坏事。

——冈察洛夫

人生中最美好的东西是不要钱的。

——奥德茨

在消除贫困的时候，我们会拥有自己的财富，而拥有这笔财富，我们却会失去多少善心，多少美和多少力量啊！

——泰戈尔

金钱是新式的奴隶制度。它与旧式的奴隶制度不同的是：与奴隶之间没有任何人性的关系，没有任何人格上的往来。

——列夫·托尔斯泰

世上的喜剧不需要金钱就能产生，世上的悲剧大半和金钱脱不了关系。

——三毛

财产是一切罪恶的根源：财产的分配与保卫占据了整个世界。

——列夫·托尔斯泰

巨大的财富对于一个不惯于掌握钱财的人，是一种毒害，它侵入他的品德的血肉和骨髓。

——马克·吐温

你若失去财产，失之甚少；你若失去荣誉，失之甚多；以若失去勇气，失去一切。

——严寄洲

巨大的财富具有充分的诱惑力，足以稳稳当当地起致命的作用，把那些道德基础并不牢固的人引入歧途。

——马克·吐温

大凡不亲手挣钱的人，往往不贪财；亲手赚钱的人才有一文想两文。

——柏拉图

为什么一个人要富有？为什么他一定要有马匹，精致的衣服，漂亮的住宅，到公共场所与娱乐场所去的权力？因为缺少思想。你给他的心灵一个新的形象，他就会逃遁到一个寂寞的花园或是阁楼上去享受它，这梦想使他们那样富有，即使给他一州作为采邑，也还抵不过它。但是我们最终是因为没有思想，所以才发现我们没有钱。我们最初是因为沾溺于肉欲，所以才觉得一定要有钱。

——爱默生

有了金钱就能在这个世界上做很多事,唯有青春却无法用金钱来购买。

——莱曼特

天生我材必有用,千金散尽还复来。

——李白

金钱这种东西,只要能解决个人的生活就行;若是过多了,它会成为遏制人类才能的祸害。

——诺贝尔

鸟翼上系上了黄金,鸟就飞不起来了。

——泰戈尔

无知和富有在一起,就更加身份大跌了。

——叔本华

节约与勤勉是人类两个名医。

——卢梭

贫穷要一点东西,奢侈要许多东西,贪欲却要一切东西。

——高里

贫穷的人往往富于仁慈。

——甘地

把金钱奉为神明,它就会像魔鬼一样降祸于你。

——菲尔丁

没有钱是悲哀的事。但是金钱过剩则倍过悲哀。

——列夫·托尔斯泰

金钱和时间是人生两种最沉重的负担,最不快乐的就是那些拥有这两种东西太多,多得不知怎样使用的人。

——约翰生

如果你把金钱当成上帝,它便会像魔鬼一样折磨你

——菲尔丁

如果您失去了金钱,失之甚少;如果您失去了朋友,失之甚多;如果您失去了勇气,失去一切。

——哥德

附录三：世界首富比尔·盖茨的金钱观

作为世界首富，比尔·盖茨是一个与众不同的人，单从他对待金钱的态度就可以看得出来。对他而言：创业是他人生的旅途，财富是他价值量化的标尺。他曾经说过："我不是在为钱而工作，钱让我感到很累。"

比尔·盖茨很少关心钱的问题，也不在意自己股票的涨跌。他经常告诉那些向他求教的朋友："当你有了1亿美元的时候，你就会明白，钱只不过是一种符号而已，简直毫无意义。"

比尔·盖茨非常讨厌那些喜欢用钱摆阔的人。他公开在《花花公子》杂志上发表言论："如果你已经习惯了过分享受，你将不能再像普通人那样生活，而我希望过普通人的生活，我害怕享受。"

同所有企业家一样，比尔·盖茨也在进行分散风险的投资，他除了拥有股票与债券外，还进行房地产以及其他行业的投资。虽然比尔·盖茨是个经营天才，但是他从不认为自己的理财更胜一筹，所以他聘请了一位"金管家"——小他十多岁的劳森。比尔·盖茨除了让他管理自己50亿美元的私人投资外，还让他管理比尔·盖茨—梅琳达慈善基金会的资金。

比尔·盖茨总是告诉妻子，自己努力工作并不只是为了钱。对待这笔巨大的财富，他从没有想过要如何享用它们，相反，在使用这些钱时却很慎重。他不喜欢因钱改变自己的本色，过着前呼后拥的生活，他更喜欢自由自在地独立与人交往。甚至见到熟人时，还会像从前一样热情地与他们打招呼："哦，你好，让我们去吃个热狗如何？"

在生活中，比尔·盖茨也从不用钱来摆阔。一次，他与一位朋友前往希尔顿饭店开会，那次他们迟到了几分钟，找不到停车位。于是，他的朋友建议将车停放在饭店的贵客车位。比尔·盖茨不同意，他的朋友说："钱可以由我来付。"比尔·盖茨还是不同意，原因非常简单：贵客车位需要多付12美元，比尔·盖茨认为那是超值收费。

比尔·盖茨在生活中遵循他的那句话用钱："花钱如炒菜一样，要恰到好处。盐少了，菜就会淡而无味；盐多了，苦咸难咽。"所以，即使是几美元,比尔·盖茨也要让它们发挥出最大的效益。

婚后,比尔·盖茨与梅琳达很少去一些豪华的餐馆就餐,除非是由于工作而不得不光顾一些高级餐厅。一般情况下,他们会选择肯德基,或是到一些咖啡馆,有时还会一块儿光顾一些很有特色的小商店。在西雅图有法国、俄罗斯、日本以及南美一些国家的特色商品店。

对于自己的衣着,比尔·盖茨从不看重它们的牌子或是价钱,只要穿起来感觉很舒服,他就会喜欢。一次,比尔·盖茨应邀参加由世界32位顶级企业家举办的"夏日派对",那次他穿了一身套装,这还是梅琳达先前在泰国东菩提岛给他买的用来拍照时穿的衣服,样子还不错,只是价格还不到歌星、影星洗一次衣服的钱。但比尔·盖茨不在乎这些,很高兴地穿着这套衣服参加了这次活动。他生活的信条就是:"一个人只有用好了他的每一分钱,他才能做到事业有成、生活幸福。"

比尔·盖茨认为,自己的成功只与人有关,而与金钱多少没多大关系。确实,比尔·盖茨所有创业的钱几乎都是他自己在上学之余打工挣来的,而从来没有向父母伸过手。几乎所有人都钦佩他这点。现在,微软公司的员工所得的各项收入,即使在美国也是其他公司所不能比拟的。比尔·盖茨也从不吝啬对员工发放一些奖金。早在创业之初,公司总经理的年薪就达到了22万美元,而那时,比尔·盖茨每年只可以领取13万美元。他认为,自己对公司作出的贡献并不是最大的。

不论在生活中,还是在工作中,有问题出现时,比尔·盖茨都不会首先想到用钱来化解一切。他甚至没有自己的私人司机,也从没有包机旅行过。对他来说,钱失去了它对常人那样的诱惑力,他始终保持着清醒的头脑。

"我需要像普通人一样生活,我害怕因为过分享受而失去这种生活,这在许多人看来也并不是一个榜样。"

比尔·盖茨父母本身的经济收入很丰厚,对于儿子的富有,他们持有什么看法呢?每每有人拿这个问题问比尔·盖茨时,比尔·盖茨总是不正面回答:"我不炫耀给他们看就是了,我会把钱藏起来,埋在草坪下面,现在草皮都鼓了起来,我希望天不要下雨。"

后来,比尔·盖茨谈了自己的观点:"我赚的钱对我的父母来说一点意义也没有,真的。我的钱对我与他们之间的关系一点影响也没有。如果我们中谁生病了，我们可以请最好的医生，钱在这一点上会有点用，但是一般情况下，我们不会谈论钱的问题。"

的确，即使现在，他也很少谈家庭用钱的话题，但他已经向梅琳达保证过，在有生之年把95%的财产捐出去。

众所周知，比尔·盖茨与妻子都十分疼爱自己的孩子，但是在满足孩子们的一些要求上，他们绝对是一对吝啬鬼。比尔·盖茨从不会给孩子们一笔可观的钱，当罗瑞还不会花钱、而女儿珍妮佛已经可以拿一些零用钱买自己喜欢的东西时，罗瑞总是抱怨父母不给自己买他最想要的玩具车。比尔·盖茨有自己的想法，他认为：再富也不能富孩子。

的确，在钞票中长大的孩子，他们的无忧无虑将会让他们一事无成。所以比尔·盖茨夫妻宁愿将这些钱捐给最需要它们的人，也不会随意交给孩子们去挥霍。比尔·盖茨甚至公开表示过："我不会将自己的所有财产留给自己的继承人，因为这样对他们没有一点好处。"

梅琳达十分赞同比尔·盖茨的看法。

就梅琳达来说，她对钱的看法很坚定，这或许是受到了她的父母、比尔·盖茨，或是工作与信仰的影响。有些人问她："你为什么不期望一种奢侈的生活，而总是保持自己平凡的本色呢？"

她会说："不为什么。一个人是很容易形成奢侈习惯的，这可不是什么好事。从某个角度来说，它们使你脱离正常的经历，让你变得虚弱。所以，我有意控制自己对这些东西的追求。这也许是属于自律范畴的事。如果我失去了自律的能力，那我在面对这么多的钱时也会感到困惑。所以我不愿意发生这样的事情。"

比尔·盖茨一年四季都很忙，有时一个星期要到四五个国家召开十几次会议。每次坐飞机，他通常坐经济舱，没有特殊情况，他是绝不会坐头等舱的。

早在1984年，微软便开始走向成熟。这年，在美国凤凰城举办了一届电脑展示会，比尔·盖茨应邀出席。主办方事先给比尔·盖茨订了张头等舱的票，比尔·盖茨知道后，没有同意他们的做法，硬是换成了经济舱。还有一次，比尔·盖茨要到欧洲召开展示会，他又一次让主办方将头等舱机票换成经济舱机票。主办方认为，比尔·盖茨坐头等舱便于与其他业界人士进行沟通。但是比尔·盖茨知道后，大发脾气，他走到展示会主持人面前，向他索要200美元。因为头等舱与经济舱的差价正好是200美元，并且还气呼呼地说："这200美元我不向他要，向谁要？"

比尔·盖茨几乎很少回家吃午餐，通常他会在公司以汉堡当午餐，这已经成为他的习惯了。有一次，办公室来了一位新秘书，名叫里卡，为了庆祝她的生日，比尔·盖茨特意带着她以及其他几个职员来到一家高级饭店，每个人都点了酒与风味菜肴，只有比尔·盖茨点了酒与汉堡包。梅琳达认为他很不给里卡面子，对他说："你为什么不点些菜，你那样会让里卡感到难堪的。"

比尔·盖茨笑笑说："我就喜欢吃汉堡，没想那些。"

在与员工平时相处中，比尔·盖茨从不像是个有钱人，他常对人说，与其说他有钱，还不如说他是"软件产业的卓越开拓者与领导者"更让他感到兴奋。他不喜欢什么事都与钱挂在一起，把金钱看成万能。一次出席会议的时候，主持人给他租了一辆高级轿车，他拒绝了，然后租了一辆很普通的汽车前往会场。在微软，比尔·盖茨已经成为员工——尤其是一些新员工的榜样，他的作风感染了许多员工。所以微软员工的朴素也是很出名的。这并不是说比尔·盖茨吝啬或是小气，他是在锻炼自己的意志力，也是在培养员工的艰苦创业精神——无疑这是一种非常可贵的精神。

可是，在一些时候，比尔·盖茨花钱要胜过任何人，或许到现在梅琳达也不知道比尔·盖茨花近7000万美元建设自己豪宅的真正目的，但是她可以肯定比尔·盖茨并没有以此来炫耀自己的意思，他更愿意将大把的钞票捐给那些推动社会进步的公益事业。

对于盖茨来说，慈善事业也是非常重要的。他和他的妻子捐赠了240亿美元建立了一个基金，支持全球医疗健康和教育领域的慈善事业，希望随着人类进入21世纪，这些关键领域的科技进步能使全人类都受益。到今天为止，盖茨和他的妻子建立的基金已将25亿美元用于全球的健康事业，将14亿美元用于改善人们的学习条件，其中包括为盖茨图书馆购置计算机设备、为美国和加拿大的低收入社区的公共图书馆提供互联网培训和互联网访问服务。此外，将2.6亿美元用于西北太平洋地区的社区项目建设，将3.8亿美元用在一些特殊项目和每年的礼物发放活动上。

附录四：华人首富李嘉诚的金钱观

华人首富李嘉诚曾这样阐述过他对金钱和人生的态度：

勤奋：

12岁开始做学徒，不到15岁就挑起一家人生活的担子，再没有受过正规的教育。当时自己非常清楚，只有我努力工作，和求取知识，才是我唯一的出路，我有一点钱都去买书，记在脑子里面，才去再换另外一本，到我今天来讲，每一个晚上，在我睡觉之前，我还是一定的看书，知识并不决定你一生财富的增加，但是你的机会更加多了，你创造机会，才是最好的途径。

无论我晚上几点睡觉，我都在早晨固定的时间醒来（5点59分），因为要听早晨的新闻。

别人是求学问，我是抢学问。

勤奋是一切事业的基础。要勤力努力，对企业负责、对股东负责。

我17岁就开始做批发的推销员，就更加体会到挣钱的不容易、生活的艰辛了。人家做8个小时，我就做16个小时。

做事投入是十分重要的。你对你的事业有兴趣，你的工作一定会做得好。

我认为勤奋是个人成功的要素，所谓一分耕耘，一分收获，一个人所获得的报酬和成果，与他所付出的努力是有极大的关系。运气只是一个小因素，个人的努力才是创造事业的最基本条件。

我从不间断读新科技、新知识的书籍，不至因为不了解新讯息而和时代潮流脱节。

在逆境的时候，你要问自己是否有足够的条件。当我自己处在逆境的时候，我认为我够！因为我勤奋、节俭、有毅力，我肯求知，及肯建立一个信誉。

创业的过程，实际上就是恒心和毅力坚持不懈的发展过程，其中并没有什么秘密，但要真正做到中国古老的格言所说的勤和俭也不太容易。而且，从创业之初开始，还要不断学习，把握时机。

年轻时我表面谦虚，其实我内心很骄傲。为什么骄傲呢？因为同事们去玩的时候，我去求学问；他们每天保持原状，而自己的学问日渐提高。

知识不仅是指课本的内容，还包括社会经验、文明文化、时代精神等整体要素，才有竞争力，知识是新时代的资本，五六十年代的人靠勤劳可以成事；今天的香港要抢知识，要以知识取胜。

稳健：

我会不停研究每个项目要面对可能发生的坏情况下出现的问题，所以往往花90%考虑失败。

我们中国人有句做生意的话："未买先想卖"，你还没有买进来，你就先想怎么卖出去，你应该先想失败会怎么样。因为成功的效果是100%或50%之差别根本不是太重要，但是如果一小漏洞不及早修补，可能带给企业极大损害

投资时我就是先设想，投资失败可以到什么程度？成功的多几倍都没关系，我也曾有投资赚十多倍都有，有的生意也做得非常好，亏本的非常少，因为我不贪心。

决定一件事时，事先都会小心谨慎研究清楚，当决定后，就勇往直前去做。

我凡事必有充分的准备然后才去做。一向以来，做生意处理事情都是如此。例如天文台说天气很好，但我常常问我自己，如5分钟后宣布有台风，我会怎样，在香港做生意，亦要保持这种心理准备。

扩张中不忘谨慎，谨慎中不忘扩张。……我讲求的是在稳健与进取中取得平衡。船要行得快，但面对风浪一定要捱得住。

未攻之前一定先要守，每一个政策的实施之前都必须做到这一点。当我着手进攻的时候，我要确信，有超过百分之一百的能力。换句话说，即使本来有一百的力量足以成事，但我要储足二百的力量才去攻，而不是随便去赌一赌。

与其到头来收拾残局，甚至做成蚀本生意，倒不如当时理智克制一些。

身处在瞬息万变的社会中，应该求创新，加强能力，居安思危，无论

你发展得多好，时刻都要做好准备。

我常常记着世上并无常胜将军，所以在风平浪静之时，好好计划未来，仔细研究可能出现的意外及解决办法。

为人：

人才取之不尽，用之不竭。你对人好，人家对你好是很自然的，世界上任何人也都可以成为你的核心人物。

知人善任，大多数人都会有部分的长处，部分的短处，各尽所能，各得所需，以量才而用为原则。

对自己要节俭，对他人则要慷慨。处理一切事情要以他人利益为出发点。

要了解下属的希望。除了生活，应给予员工好的前途；并且，一切以员工的利益为重，特别是年老的时候，公司应该给予员工绝对的保障，从而使员工对集团有归属感，以增强企业的凝聚力。

对人诚恳，做事负责，多结善缘，自然多得人的帮助。淡泊明志，随遇而安，不作非分之想，心境安泰，必少许多失意之苦。

坏人固然要防备，但坏人毕竟是少数，人不能因噎废食，不能为了防备极少数坏人连朋友也拒之门外。更重要的是，为了防备坏人的猜疑，算计别人，必然会使自己成为孤家寡人，既没有了朋友，也失去了事业上的合作者，最终只能落个失败的下场。

人要去求生意就比较难，生意跑来找你，你就容易做，那如何才能让生意来找你？那就要靠朋友。如何结交朋友？那就要善待他人，充分考虑到对方的利益。

做人最要紧的是让人由衷地喜欢你，敬佩你本人，而不是你的财力，也不是表面上的服从。

凡事都留个余地，因为人是人，人不是神，不免有错处，可以原谅人的地方，就原谅人。

不为五斗米折腰的人，在哪里都有。你千万别伤害别人的尊严，尊严是非常脆弱的，经不起任何的伤害。

讲信用，够朋友。这么多年来，差不多到今天为止，任何一个国家的人，任何一个省份的中国人，跟我做伙伴的，合作之后都成为好朋友，从来没有一件事闹过不开心，这一点是我引以为荣的事。

　　我觉得，顾及对方的利益是最重要的，不能把目光仅仅局限在自己的利上，两者是相辅相成的，自己舍得让利，让对方得利，最终还是会给自己带来较大的利益。占小便宜的不会有朋友，这是我小的时候我母亲就告诉给我的道理，经商也是这样。

　　只有博大的胸襟，自己才不会那么骄傲，不会认为自己样样出众，承认其他人的长处，得到他人的帮助，这便是古人所说的有容乃大的道理。

　　要成为一位成功的领导者，不单要努力，更要听取别人的意见，要有忍耐力，提出自己意见前，更要考虑别人的意见，最重要的是创出新颖的意念……作为一个领袖，最重要的是责己以严，待人以宽，还要令他人肯为自己办事，并有归属感。机构大必须依靠组织，在二三十人的企业，领袖走在最前端便最成功。当规模扩大至几百人，领袖还是要去参与工作，但不一定是走在前面的第一人。要大便要靠组织，否则，便迟早会撞板，这样的例子很多，百年多的银行也一朝崩溃。

　　有钱大家赚，利润大家分享，这样才有人愿意合作。假如拿10%的股份是公正的，拿11%也可以，但是如果只拿9%的股份，就会财源滚滚来。

　　人，第一要有志，第二要有识，第三要有恒，有志则断不甘为下流。

　　保持低调，才能避免树大招风，才能避免成为别人进攻的靶子。如果你不过分显示自己，就不会招惹别人的敌意，别人也就无法捕捉你的虚实。

　　在看苏东坡的故事后，就知道什么叫无故受伤害。苏东坡没有野心，但就是给人陷害，他弟弟说得对：我哥哥错在出名，错在高调。这个真是很无奈的过失。

　　大部分的人都有部分长处部分短处，好像大象食量以斗计，蚂蚁一小勺便足够。各尽所能，各得所需，以量才而用为原则；又像一部机器，假如主要的机件需要用五百匹马力去发动，虽然半匹马力与五匹马力相比是小得多，但也能发挥其一部分作用。

　　商业：

　　做生意要冷静，打高尔夫也一样，第一杆即使打得不好，如果可以保持冷静，有计划，并不表示你会输。这和做人做生意一样，有高低潮，身处逆境时,你就要考虑如何来应付。

在剧烈的竞争当中多付出一点,便可多赢一点。就像参加奥运会一样,你看一、二、三名,跑第一的往往只是快了那么一点点。

当我做生意时,就警惕自己,若我有骄傲之心,迟早有一天是会碰壁的。

政策的实施要沉稳持重。在企业内部打下一个良好的基础,注重培养企业管理人员的应变能力。决定一件事情之前,应想好一切应变之法,而不去冒险妄进。

要信赖下属。公司所有的行政人员,每个人都有其消息来源及市场资料。决定任何一件大事,应召集有关人员一起,汇合各人的资讯,从而集思广益,尽量减少出错的机会。

给下属树立高效率的榜样。集中讲座具体事情之前,应提早几天通知有关人员准备资料,以便对答时精简确当,从而提供工作效率。

决策任何一件事情的时候,应开阔心胸,统筹全局。但一旦决策之后,则要义无反顾,始终贯彻一个决定。

随时留意身边有无生意可做,才会抓住时机把握升浪起点。着手越快越好。遇到不寻常的事发生时立即想到赚钱,这是生意人应该具备的素质。

抓住时机首先要掌握准确的最新资讯,而能否掌握时机是看你能否在适当的时候发力,走在竞争对手之前。时机的背后最重要的因素,就是知己知彼。

我们要和对手相比,知道自己的优点与缺点。尤其,我们更要看到对手的长处。人们经常花很多时间去发掘对手的缺点,其实看对手的长处更为重要。

现金流、公司负债的百分比是我一贯最注意的环节,是任何公司的重要健康指标。任何发展公司中的业务,一定要让业绩达致正数的现金流。

眼睛仅盯在自己小口袋上的是小商人,眼光放在世界大市场的是大商人。同样是商人,眼光不同,境界不同,结果也不同。

精明的商家可以将商业意识渗透到生活中的每一件事里去,甚至是一举手一投足。充满商业细胞的商人,赚钱可以是无处不在、无时不在。

当生意更上一层楼的时候,绝不可贪心,更不能贪得无厌。

如果在竞争中,你输了,那么你输在时间;反之,你赢了,也赢在时间。

我认为要像西方那样，有制度且比较进取，用两种方式来做，而不是全盘西化或是全盘儒家。儒家有它的好处，也有它的短处，儒家在进取方面是很不够的。

始终保持创新意识，用自己的眼光注视世界，而不随波逐流。

商业合作必须有三大前提：一是双方必须有可以合作的利益；二是必须有可以合作的意愿；三是双方必须有共享共荣的打算。此三者缺一不可。

为了适应时代发展变化的需要，也为了企业自身的生存和发展，企业必须以市场为导向、以创新为手段、以效率为核心，重建企业形象。

不义而富且贵，于我如浮云。是我的钱，一块钱掉在地上我都会去捡。不是我的，一千万块钱送到我家门口我都不会要。我赚的钱每一毛钱都可以公开，就是说，不是不明不白赚来的钱。

绝不同意为了成功而不择手段，刻薄成家，理无久享。

好的时候不要看得太好，坏的时候不要看得太坏。最重要的是要有远见，杀鸡取卵的方式是短视的行为。

中国古人讲：万变不离其宗。这个宗就是指合乎实际情况，合乎道理。变是一定要变的，这个世界本来就是丰富多彩、千变万化的。

精明的商人只有嗅觉敏锐才能将商业情报作用发挥到极致，那种感觉迟钝、闭门自锁的公司老板常常会无所作为。

虽然老板受到的压力较大，但是做老板所赚的钱，已经多过员工很多，所以我事事总不忘提醒自己，要多为员工考虑，让他们得到应得的利益。

要给员工好的待遇及前途，让他们有受重视的感觉。当然，还要有良好的监督和制衡制度，不然山高皇帝远，一个好人也会变坏。

可以毫不夸张地说，一个大企业就像一个大家庭，每一个员工都是家庭的一分子。就凭他们对整个家庭的巨大贡献，他们也实在应该取其所得，只有反过来说，是员工养活了整个公司，公司应该多谢他们都对。

一间小的家庭式公司要一手一脚去做，得当公司发展大了，便要让员工有归属感，令他们感到安心，这是十分重要的。管理之道，简单来说是知人善任，但在原则上一定要令他们有归属感，要他们喜欢你。

在我心目中，不理你是什么样的肤色，不理你是什么样的国籍，只要你对公司有贡献，忠诚、肯做事、有归属感，即有长期的打算，我就会帮他慢慢地经过一个时期而成为核心分子，这是我公司一向的政策。

假如今日，如果没有那么多人替我办事，我就算有三头六臂，也没有办法应付那么多的事情，所以成就事业最关键的是要有人能够帮助你，乐意跟你工作，这就是我的哲学。

你们不要老提我，我不算什么超人，是大家同心协力的结果。我身边有300员虎将，其中100人是外国人，200人是年富力强的香港人。

一个总司令，是一个集团军的统帅，拿起机关枪总不会胜过机关枪手，走到炮兵队操作大炮也不如炮兵。但作为集团军的总司令不要管这些，只要懂得运用战略便可以，所以整个组织十分重要。

在我的企业内，人员的流失及跳槽率很低，并且从没出现过工潮。最主要的是员工有归属感，万众一心。

我老是在说一句话，亲人并不一定就是亲信。一个人你要跟他相处，日子久了，你觉得他的思路跟你一样是正面的，那你就应该可以信任他；你交给他的每一项重要工作，他都会做，这个人就可以做你的亲信。

对一个职工，如果他平时马马虎虎，我会十分生气，一定会批评，但他有时做错事，你应该给他机会去改正。

领导全心协力投入热诚，是企业最大的鼓动力。与员工互动沟通，对同事尊重，才可建立团队精神。人才难求，对具备创意、胆识及谨慎态度的同事，应给予良好的报酬和显示明确的前途。

人生：

人生自有其沉浮，每个人都应该学会忍受生活中属于自己的一份悲伤，只有这样，你才能体会到什么叫做成功，什么叫做真正的幸福。

力争上游，虽然辛苦，但也充满了机会。我们做任何事，都应该有一番雄心壮志，立下远大的目标，用热忱激发自己干事业的动力。

苦难的生活，是我人生的最好锻炼，尤其是做推销员，使我学会了不少的东西，明白了不少事理。所有这些，是我花10亿甚至100亿也买不到的。

不敢说一定没有命运，但假如一件事在天时、地利、人和等方面皆相背时，那肯定不会成功。若我们贸然去做，失败时便埋怨命运，这是不对的。

我觉得一家幸福是最紧要的，生意起跌是小事。生意今日起，明日跌，一家人开心最紧要。

在事业上谋求成功，没有什么绝对的公式。但如果能依赖某些原则的话，能将成功的希望提高很多。

人们赞誉我是超人，其实我并非天生就是优秀的经营者。到现在我只敢说经营得还可以，我是经历了很多挫折和磨难之后，才领会了一些经营的要诀。

那些私下忠告我们、指出我们错误的人，才是真正的朋友。

长江取名基于长江不择细流的道理，因为你要有这样豁达的胸襟，然后你才可以容纳细流，没有小的支流，又怎能成长江？

有金钱之外的思想，保留一点自己值得自傲的地方，人生活得更加有意义。

世情才是学问。世界上每一个人都精明，要令大家信服并喜欢并不容易，万一真的失败了，也不必怨恨，慢慢图谋东山再起的机会，只要一息尚存，仍有作最后决战的本钱。

一个人赚钱除了满足自己的成就感之外，就是为了让自己生活得更好一点，如果只顾赚钱，并赔上自己的健康，那是很不值得的。

知识：

最重要是事前要吸取经营行业最新、最准确的技术和知识与一切行业有关的市场动态及讯息，才有深思熟虑的计划，让自己能轻而易举在竞争市场上处于有利位置。你掌握了消息，机会来的时候，就可以马上有动作。

从前经商，只要有些计谋，敏捷迅速，就可以成功；可现在的企业家，还必须要有相当丰富的知识资产，对于国内外的地理、风俗、人情、市场调查、会计统计等都非常熟悉不可。

一个人凭己的经验得出的结论当然是最好，但是时间就浪费得多了，如果能将书本知识和实际工作结合起来，那才是最好的。

下一个世纪的企业家将和我完全不同，因为新世纪企业家的成功取决于科技和知识，而不是钱。